CHILDREN'S ENCYCLOPEDIA OF NATURE

儿童自然百科全书

刘宝江　编著

北京工艺美术出版社

图书在版编目（CIP）数据

儿童自然百科全书 / 刘宝江编著. -- 北京 ：北京工艺美术出版社，2022.4
ISBN 978-7-5140-2268-1

Ⅰ.①儿… Ⅱ.①刘… Ⅲ.①自然科学－儿童读物 Ⅳ.①N49

中国版本图书馆CIP数据核字(2021)第191196号

出 版 人：陈高潮
责任编辑：赵震环
封面设计：李 荣
装帧设计：商昌信
责任印制：高 岩

法律顾问：北京恒理律师事务所 丁 玲 张馨瑜

儿童自然百科全书
ERTONG ZIRAN BAIKE QUANSHU
刘宝江 编著

出　版	北京工艺美术出版社
发　行	北京美联京工图书有限公司
地　址	北京市朝阳区焦化路甲18号 中国北京出版创意产业基地先导区
邮　编	100124
电　话	(010) 84255105（总编室） (010) 64283630（编辑室） (010) 64280045（发　行）
传　真	(010) 64280045/84255105
网　址	www.gmcbs.cn
经　销	全国新华书店
印　刷	天津联城印刷有限公司
开　本	889 毫米 × 1194 毫米　1/16
印　张	16
字　数	180千字
版　次	2022年4月第1版
印　次	2022年4月第1次印刷
印　数	1～10000
书　号	ISBN 978-7-5140-2268-1
定　价	198.00元

目录

自然界

生存法则

生态系统

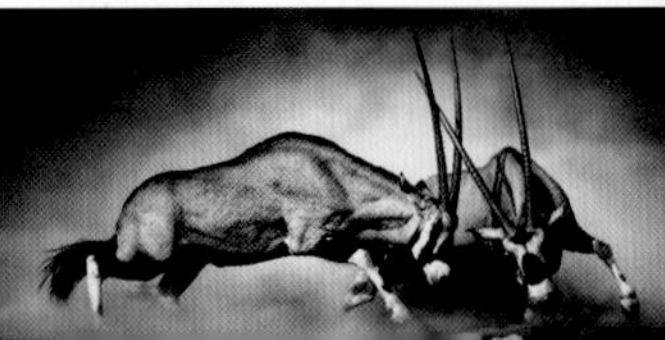

微生物

植物王国

动物世界

自然资源

前言

无论山川大地、花鸟鱼虫，还是星月云河、风霜雨雪，都是大自然的神奇产物。大自然以我们人类无法看见的一双手，曾经、现在并将在未来不断缔造令我们人类叹为观止的奇迹。

如果你热爱生命，那就亲近自然，从目之所及的生命生长的地方开始探索，这段旅程就必然充满乐趣且意义非凡。

本书从自然界、生存法则、生态系统、微生物、植物王国、动物世界和自然资源等7个方面，系统而生动地为孩子们揭开自然界各种奇妙现象、生存法则与复杂构成的神秘面纱。从首章开始，大至浩瀚无垠的宇宙，小至细小体积物质的基本粒子，孩子们会通过最为简单、科学而有趣的文字描述，读懂最为复杂而神奇的自然问题。

本书图片丰富精美，与文字诠释互为作用，仿佛近在咫尺的自然世界捧在孩子们手中。希望本书能够更好地深化读者小朋友们对自然的认识，并能够使其在为自然的神奇和伟大而惊呼时，从自己做起，真正保护大自然，保护好人类共有的这颗蓝色星球。

大自然还在创造奇迹，很多美好的事物也正等待你去探索和发现，现在，翻开本书的第一页，从第一段文字、第一幅图片开始，踏上你的神奇自然之旅吧！

而让孩子们能够置身于星空之下的草木繁盛的世界，感悟生命演化的万态千姿，就是编者编写本书的动力之源！

自 然 界

大至浩瀚无垠的宇宙，小至最小体积物质的基本粒子，包括那些人类已知的、未知的一切存在之物，构成了自然界。

星辰大海

茫茫宇宙，星辰若海，吸引着人类不断去探索那些神秘莫测的太空之谜。而那些被发现了的认知与存在，则成为我们认识自然的钥匙和新的动力。

激烈燃烧的恒星

之所以被称为恒星，是因为古代的天文学家以为它们的位置是固定不变的，有永恒不变之意，现在知道只是因为它们离地球太远，人们无法借助工具观察到它们的变化。恒星体积和质量都很大，不仅在运动，而且一直在激烈燃烧。

黑暗行者——行星

行星，顾名思义，就是行走的星球，实际上就是因为它们的位置不固定，始终环绕着恒星运动。行星不发光，连同地球，共有水星、金星、火星、木星、土星、天王星和海王星等八大行星构成了太阳系的主要成员。

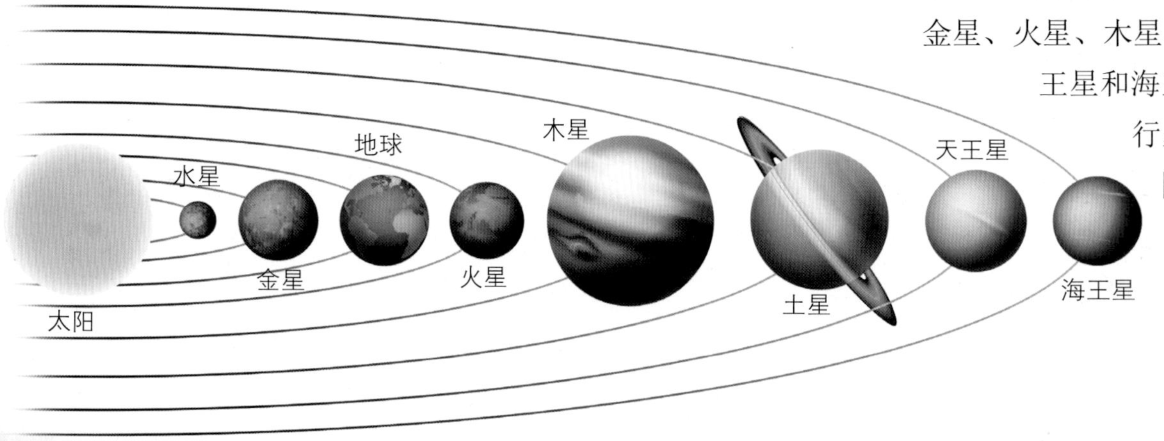

太阳 水星 金星 地球 火星 木星 土星 天王星 海王星

姿态万千的星云

在引力的作用下，宇宙中的一些气体和尘埃汇集起来，形成云雾状，因此我们把它们称作星云。它们有马头状、烟圈状等各类姿态，体积庞大，一般方圆达到几十光年，分量比太阳还要重得多。

月相

绕着行星转的卫星

卫星有天然和人造两种，围绕行星轨道运行的天然天体就是天然卫星，比如月球，它就是唯一的围绕地球运行的天然卫星。而人造卫星则是人类研制出的各种卫星。

珍贵的小天体

陨星作为珍贵的小天体样品，对于研究原始生命的起源及演化，包括对太阳系的更为深度的探索，都极有价值。1976年3月8日坠入我国吉林省的一块陨星重达1770公斤，是目前全世界最大的石陨星。

转瞬即逝的流星

太空中有无数的微小物体和尘埃，它们就是流星体，在进入地球大气层后，因与大气摩擦而闪亮发光，进而划出一道光芒后转瞬即逝，而这种现象就是流星。

拖着扫帚尾巴的彗星

彗星在我们中国常常被叫作“扫把星”，它的长尾巴外形，使得它成为最为引人注目的特别天体。实际上中文的“彗”字，也是“扫帚”的意思。彗星一直以宇宙过客的身份存在，大小也随着距离太阳的远近而不断有所变化。

星星的岛屿

在希腊语中，星系的意思是宇宙岛，具体是指在宇宙中，数量庞大的星星的岛屿。星系壮观而美丽，是宇宙中最大且距离我们最远的天体系统之一，而那最遥远的美丽，距离我们竟有200亿光年。

生命摇篮

在浩瀚无垠的宇宙中，地球如同一粒尘埃。最初，它是动荡不安、复杂多变的，火山岩浆、暴雨雷电外加超强的紫外线辐射等种种异常能量轮番来袭，但这些最终促成了生命的诞生，加上原始海洋，使地球成为真正孕育生命的摇篮。

安全的距离

作为距太阳最近的第三颗行星，地球以椭圆形的轨道围绕太阳旋转，同时各个行星之间也有各自独立的运行轨迹，不会轻易发生碰撞。这相对的安全性，为地球孕育生命提供了环境与时间上的保障。

生命的阳光

持续充足和稳定的阳光是生命诞生的重要外部条件。太阳的光尽管相当炙热，但因与地球的特定距离，决定了其只能将自身1/20亿的光照射至地球表面，这保证了地球上的光照充足而稳定。

水和空气

约45亿年前，地球各处火山频频爆发，释放出大量的气体和水蒸气；约到40亿年前，地球温度降低，部分水蒸气聚集形成云层，最终出现第一次降雨；长达亿万年的降雨形成大海，然后是大洋，这便是生命的源泉。

适宜的温度

地球与太阳的安全距离，使得地球的平均温度处于15℃左右，这样地球表面的液态水既不会结冰也不会蒸发成气体，加上地球的昼夜温差变化，因此有了生命诞生和存活的可能性。

撞击理论

有科学家认为，在地壳形成后，曾有一个更大的星球撞击了地球，由此形成大量岩石，并因引力作用再次汇集。随着火山爆发、风雨洗礼，这些汇集后的岩石被逐步分解、冲刷为颗粒，流入海洋，最终得以孕育出原始生命。

生命之海

早期的原始海洋已有大量有机物存在，并且盐分极低。于是，在各类反应之下，开始诞生低级生物，并不断向高级进化。与此同时，海洋中的蓝藻出现，经过光合作用为早期地球提供氧气，部分生物演化成为陆地生物。

地球生命起源

地球生命起源流行3种观点：神造说、宇宙生命论和化学起源论。化学起源论为科学界最为主流的理论，即物质先经历无机小分子、有机小分子、生物大分子、多分子体系4个阶段，最后演变成原始生命。

银河与太阳

仰望星空，肉眼可见的一条乳白色亮带，就是银河；太阳是太阳系的中心天体，围绕着银河系的中心公转，以核聚变的方式向太空时刻释放着巨大的光与热。

银河是天上的河流吗？

银河在我国有天河之称。意大利天文学家伽利略通过自己发明的天文望远镜，发现这条天河是由上千亿颗恒星组成的恒星体系，而每一颗白色的“水滴”就是一颗巨大的恒星。

银河与银河系

几千亿颗恒星组成的一个庞大恒星体系，人类肉眼可见的却不到3亿颗，这些恒星密集而遥远，所发出的光也因宇宙尘埃气体的阻挡而更加朦胧，形成了美丽的光带，这就是银河。借着银河的美名，这个恒星体系被称为银河系。

牛郎星与织女星

中国农历七月初七，传说中的牛郎与织女在银河鹊桥相会，因此七夕坐看牛郎织女星成为中国民间习俗。牛郎星与织女星分别位于银河东、西两岸，因独特的亮度和位置，曾成为明代郑和下西洋时的航海导航参照。

银河与候鸟

在芬兰的神话里，银河被称为鸟的小径，旨在表明候鸟的南方迁徙凭靠银河指引，而银河才是鸟们最终的居所。有趣的是，科学家证实了候鸟迁徙的确与银河的引导存在关系。

万物的主宰

太阳是距离地球最近的恒星，以其超强的引力和能量影响着地球万物，正所谓万物生长靠太阳，因此我们赞颂它为万物的主宰。即便这样，相对于偌大的银河系，它也仅是这一千亿颗恒星中的普通一分子。

太阳黑子

看起来平静浑圆的太阳，实际内部时刻都在进行着激烈的活动，而太阳黑子就是太阳活动最为明显的标志之一。所谓的黑子，指的就是太阳光球层的黑暗区域。

终将熄灭

和人一样，太阳也有初生期、青壮年期和衰灭期，尽管漫长，终将到来。在最后时期，太阳会冷却为一个冰冷的星球，永远置于茫茫宇宙之中。天文学家研究称，太阳目前精力旺盛，还可以正常燃烧50亿年。

八大行星

我们经常提到的八大行星，是指太阳系的八颗行星，根据它们与太阳距离由近至远，分别为：水星、金星、地球、火星、木星、土星、天王星和海王星。

没有水的水星

水星是太阳系中体积和质量都是最小的一颗行星，也是跑得最快的行星。水星向太阳的一面温度约为400℃，所以没有存在液态水的可能性。之所以被称作水星，是由我们古人依靠一套五行理论所命名，与水无关。

宇宙天体撞击

1994年7月16日至22日期间，约有20片名为舒梅克·列维的彗星碎片因受到木星超强引力吸引，以每秒60千米的速度撞向木星大气层，它的能量相当于陆续爆炸了20亿颗原子弹，这是人类所目睹到的从未有过的一次宇宙天体撞击事件。

大块头木星

在太阳系中，木星质量最大，能装得下1300多个地球，自转速度也是最快的，有太阳系行星之王的雅号。木星公转一周约12年，也由此在古代被称作岁星。

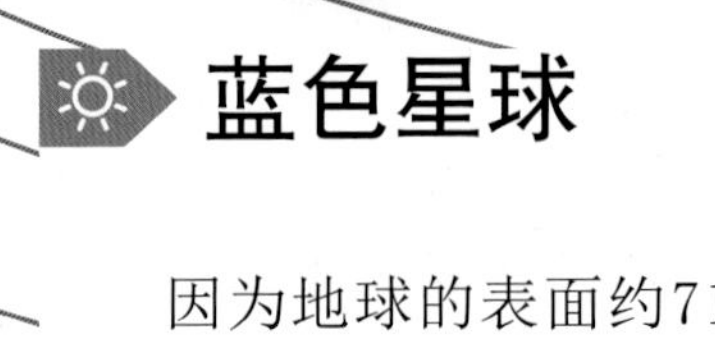

蓝色星球

因为地球的表面约71%被蓝色海洋覆盖，因此被称为蓝色星球。它是太阳系中密度最大的行星，月球是它唯一的天然卫星。

自带光环的土星

土星论体积和质量仅次于木星，是卫星个数最多的行星。尽管没有木星闪亮，但使用20倍以上的非专业天文望远镜还是可以轻易观察得到。你会看到无数颗小块物体在土星赤道上不停旋转，如同自带光环一般。

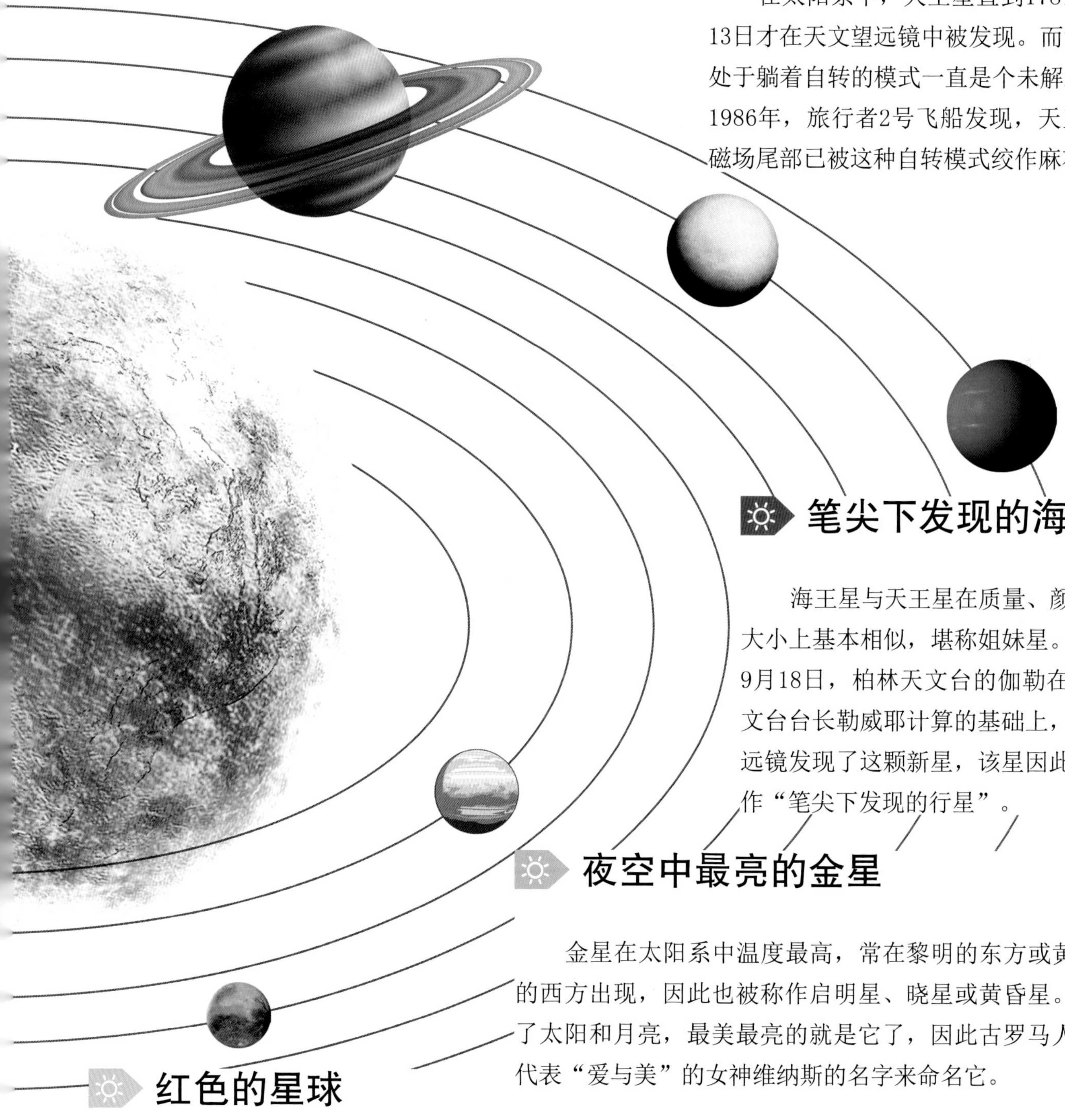

躺着自转的天王星

在太阳系中，天王星直到1781年3月13日才在天文望远镜中被发现。而它始终处于躺着自转的模式一直是个未解之谜。1986年，旅行者2号飞船发现，天王星的磁场尾部已被这种自转模式绞作麻花状。

笔尖下发现的海王星

海王星与天王星在质量、颜色甚至大小上基本相似，堪称姐妹星。1846年9月18日，柏林天文台的伽勒在巴黎天文台台长勒威耶计算的基础上，通过望远镜发现了这颗新星，该星因此也被称作“笔尖下发现的行星”。

夜空中最亮的金星

金星在太阳系中温度最高，常在黎明的东方或黄昏的西方出现，因此也被称作启明星、晓星或黄昏星。除了太阳和月亮，最美最亮的就是它了，因此古罗马人用代表“爱与美”的女神维纳斯的名字来命名它。

红色的星球

由于火星上的岩石、砂土呈现出的粉红颜色，火星常被称作红色的星球。火星体积不到地球的1/6，但是有着和地球一样的四季，还曾发生过洪水，甚至还有过海洋的存在，因此也有小地球之称。

地球与月亮

人类对月球的探索古已有之，有些来自传说，有些来自科学，但这都源于它的神奇和广阔；月球俗称月亮，是地球唯一的天然卫星，距离地球最近，对地球上的生物包括人类影响很大。

从球体到椭球体

公元前350年前，古希腊哲学家亚里士多德通过对月食的观察和研究，科学论证地球为球体。1519年葡萄牙航海家麦哲伦用3年时间环球航行，实证地球为球形。12世纪末，科学家从理论到实践，进一步证实地球为椭球体。

大气圈

遨游于太空的航天员俯瞰人类居住的地球时，地球如同一颗罩着一层蓝纱的宝石，实际上那是包裹在地球外围的大气，即大气层，也称大气圈。有了蓝纱护体，地球将部分污染物颗粒净化清除，为地球生物的繁衍提供了生存基础。

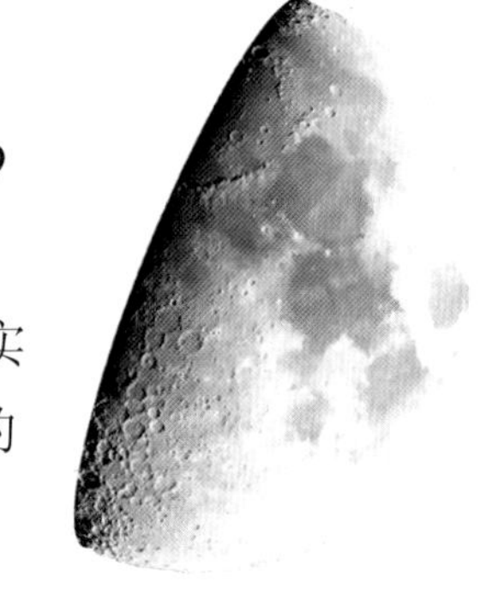

月有阴晴圆缺吗？

诗人苏东坡的《水调歌头》有句：“人有悲欢离合，月有阴晴圆缺。”实际上，月球的圆缺是由太阳和地球位置的影响所致。当月球处于太阳和地球的不同位置时，就有了阴晴圆缺的视觉变化。

首次登月大发现

月球是人类唯一登陆的地外天体。1969年7月20日，美国“阿波罗”11号宇宙飞船在月球着陆，观测发现，月球上漆黑一片，没有磁场，昼夜温差变化极大。在赤道处，中午最高气温竟达127℃，而在黎明破晓前则下降到-183℃。

日食和月食

当月亮运行到太阳和地球之间时，太阳的光被月亮遮挡，不能射到地球上来，这种现象叫日食；当地球运转到太阳与月亮之间时，月亮因受地球所阻，照射不到阳光，月面变黑的现象就是月食。

地球之耳

1972年，美国宇航局所发射的地球资源卫星俯拍到罗布泊的照片，竟然酷似人的耳朵，甚至连“耳轮”“耳孔”及“耳垂”都清晰可见。

探索之旅

从古到今，人类对宇宙的探索从未停止，人类渴望突破一切空间局限，徜徉在广阔的天空及更为浩瀚的太空。

苏联的连续太空之旅

1957年10月，第一颗人造卫星“斯普特尼克1号”发射成功，标志人类正式向太空迈进；1961年，“东方号”飞船绕地球飞行一圈；1965年，“上升2号”飞船发射，列昂诺夫成为太空行走第一人；1966年，航空飞船环绕其他星体飞行并软着陆。

莱特兄弟发明飞机

1903年12月17日，美国科学家莱特兄弟首次飞机试飞成功。他们的发明及试飞成功让人类渴望突破空间界限的梦想得以实现，开启了人类真正意义上的飞翔之旅，让人类有了从这个基础上进一步探索大气层以外空间的伟大构想。

“阿波罗11号”载人登月

1969年，美国“阿波罗11号”载人飞船登陆月球，阿姆斯特朗在全世界瞩目下踏上月球，迈开第一步，留下代表着人类的“月球脚印”，也意味着人类文明迈开一大步。

首次飞离太阳系

1972年3月2日，美国无人探测器“先驱者10号”发射成功；1973年首次探测了木星，并发回第一批木星图片。先驱者10号是第一个可以飞离太阳系、直接观察木星的宇宙探测器。

“探路者”登陆阿瑞斯谷地

1996年12月4日，美国发射名为“探路者”的火星探测器，降落在火星北半球克里斯平原阿瑞斯峡谷的末端。“探路者”首次携带名为“索杰纳”的机器人车进行实地考察。考察恰逢火星日出前两小时，通过机器人车负载的摄像机荧屏，全球电视观众得以观看这一非常时刻。

水母的太空之旅

20世纪90年代，美国NASA宇航局曾将2000多只水母放在一个装满水的袋中，随“哥伦比亚”飞船进行太空之旅，以研究其在脱离地球引力情况下的繁殖能力。半个月后，水母居然繁殖到了6万多只，但悲剧的是，这些新生水母无法辨别方向。

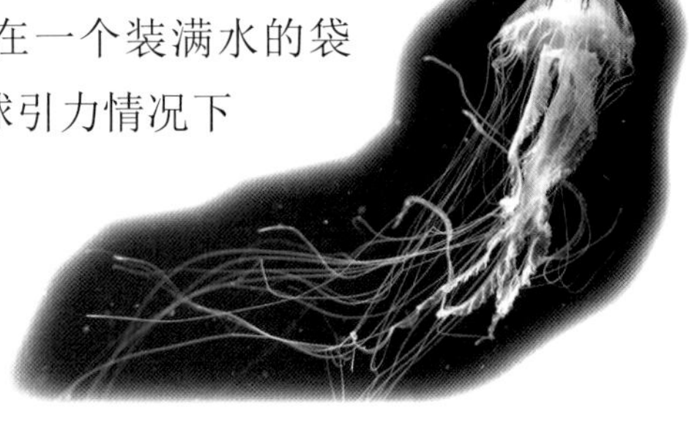

“阿波罗8号”飞绕月球

1968年12月21日，美国3名宇航员乘载“阿波罗8号”离开近地轨道，经过3天驶入月球轨道。这一天关于它的直播节目成为人类历史上观众观看最多的电视直播之一，3名宇航员也成为最早目睹月球暗面的人类。

基本粒子

基本粒子指的是构成物质的最基本的单位或者最小的单位，但随着新的理论如夸克理论的提出，基本粒子这一提法已经很少被提及。

原子不再最小

科学发展很长一段时间以来，人们普遍认为那些构成形形色色的物质的基本单位就是原子。但到20世纪初，有物理学家发现原子还可以细分为更小的“小不点”，于是原子不再被认为是最小的物质组成单位。

原子的“原始居民”

当科学家发现更小的那些“小不点”原来还有很多，比如电子、光子、质子和中子，包括后来进一步发现的正电子、中微子、介子、超子、轻子及夸克等，它们早就是原子的“居民”了，索性就把它们称作“基本粒子”。

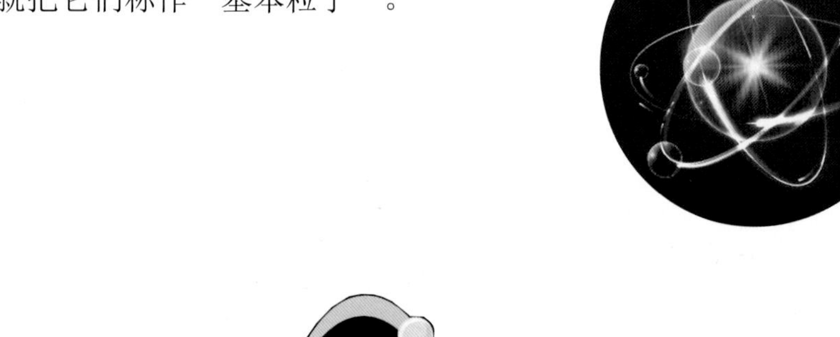

基本粒子有多小

既然那么多的“小不点”比原子还要小，那它们到底有多小呢？比如质子、中子，它们的大小只有原子的1/100000；再比如夸克，它甚至还不到质子、中子的1/10000。

J粒子被发现

1974年11月12日，华裔美国籍物理学家丁肇中向全世界宣布，他们的实验室发现了一种质量重、寿命长的新的基本粒子：J粒子。这把科学界对微观世界的了解提升到一个更高的境界，被称赞为物理学的“十一月革命”。

上帝粒子

上帝粒子又叫希格斯玻色子，尽管多年前在理论上认定存在，但直到2013年才被科学家们真正发现。上帝粒子存在于宇宙诞生之初，这个陌生的粒子将是我们理解宇宙起源最重要的一个密码，因为它赋予其他物质以质量，随后才慢慢有了生命的诞生，因此被称作上帝粒子。

天使粒子

天使粒子又叫Majorana费米子，最早于1928年被物理学家狄拉克做出预测，1937年，物理学家马约拉纳提出该粒子雏形。2017年7月，华人美籍物理学家张首晟通过实验找到该粒子，这让量子计算机的出现成为可能。

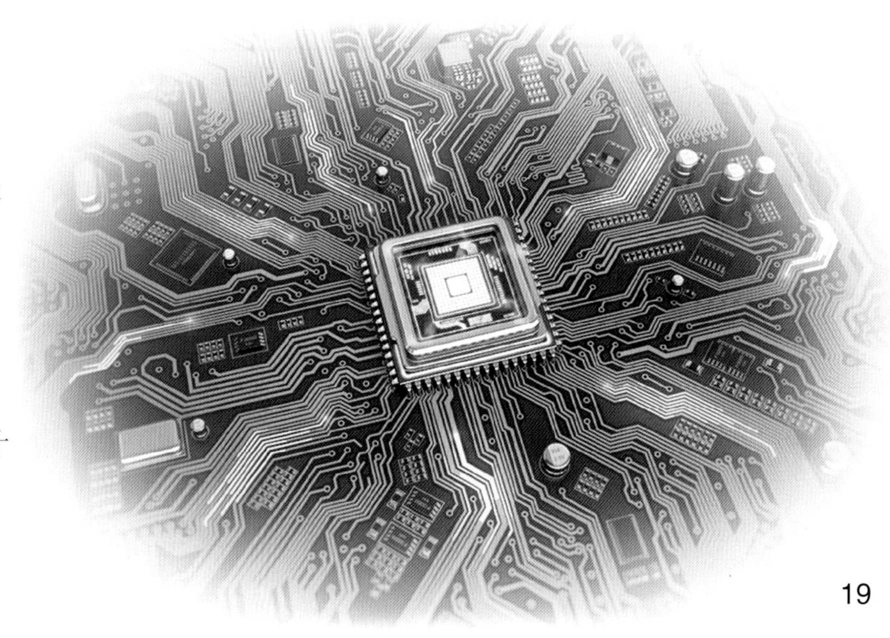

自然现象

在大自然中，很多不受我们人类主观意识影响的自然规律会引发很多种现象，如天气的冷暖、日夜的交替，还有刮风、下雨、冰雹、霜、露等，都是大自然的杰作。

风

空气经过太阳照射后，因地表各区域不均衡而导致空气的流动，就形成了风。风看不见也摸不着，但是摆动的树梢和荡漾的湖面就是风存在的证明。风从0级到12级表现不同，风越大所造成的危害也就越大。

云

地球表面的水蒸发到高空后，遇到冷空气凝结成大量小水滴，然后又与大气层中其他尘埃颗粒汇集而成为云。云有高低、薄厚的不同，加上太阳照射位置不同而出现不同种类，如卷云、积云、火烧云等。

雨

云中的小水滴集聚成为大水滴后，从空中降落下来就形成了雨。雨有小雨、中雨、大雨和暴雨等。如果空气中的酸含量过大，就会形成酸雨，对植物和土壤包括建筑物造成侵蚀和破坏。

雪和冰雹

和雨的形成过程相同，只是大气层下面与地表上面的空气低于0℃时，无法融化为雨滴，就成为冰晶状的雪。如果结晶下落过程中与其他冰粒或水滴汇合壮大，就形成冰雹。

树挂

雾凇俗称树挂，在北方的冬季时有发生。雾凇最早在南北朝时期古籍《字林》里就有记载，诠释为“寒气结冰如珠见日光乃消，齐鲁谓之雾凇”。说的就是空气中的水汽凝结到树枝、建筑物的迎风面上所形成的奇观。

雾和霾

水汽凝结后悬浮在空中且能见度低于1千米时的天气现象就是雾，而当这些悬浮颗粒中混杂了诸多的粉尘、盐粒等浑浊颗粒，造成能见度降低到10千米内时，就称作霾。

露水和霜

无云、微风的夜晚，地表的植物、建筑物等经过散热后温度低于空气温度，因此空气碰触到这些物体时，就以小水珠的形式附着在其上面，形成露水。而霜与露水的形成过程相似，只是前者低于冰点，而后者高于冰点。

生存法则

在大自然面前，一切动植物都是生存法则的参与者。正所谓物竞天择，无论弱肉强食还是抱团取暖，都是为了生存和繁衍。

生命起源

关于生命起源的假设很多，但是目前没有最终统一的定论，不过有两点可以肯定：首先，生命的出现是一个极为久远而漫长的过程；其次，最初的生命形式极为简单。

温暖的小池塘

1871年，生物学家达尔文在写给朋友的信中提道：可以想象得出，在一个温暖的小池塘里，热水会溶解岩石底层的矿物质，最终形成一种化学工厂。已有研究表明，这种工厂有制造简单细胞结构的可能性，是迈向生命的第一步。

本土还是天外来客?

1996年，美国国家航空航天局在对一组陨石的研究中，发现了细菌，由此提出地球早期的微生物有来自太空的可能性。目前，大部分科学家坚持认为地球上的生命应该土生土长于地球，与其他外在因素无关。

米勒的实验

1952年，化学家米勒模拟原始大气条件，由无机混合物随机反应后，生成得到了20种有机化合物，其中就有生命的物质基础——蛋白质所含有的成分。但是这些小分子又是如何构成有生物功能的大分子的问题，依然无解。

来自偶然？

有科学家推断，在海床上的岩石晶体是最佳的化学工厂。构成生物功能的大分子开始形成，并有部分碳元素分子充当了催化剂，然后在数以万亿次的反应中，偶然出现了一个可以自行复制的“繁衍”分子，生命由此开始。

热液喷口

伦敦化学家最新研究认为，海底那些不断喷发热液的热液喷口可以进行有机分子的自行合成，也就是说，生命旅程的开始可以认定是从这里发生的。因此，热液喷口很有可能是生命体最早出现的合理位置。

叠层石

叠层石被公认为是地球上最古老的生物化石，甚至依然还有部分存活。它是几十亿年前的最早微生物分泌黏性胶状物后，与水中其他成分累积叠加而成的一种特殊有机沉淀结构。生物学家认为它们隐藏着地球生命起源的真正秘密。

物种进化

物种进化是一个缓慢而残酷的过程，在不断推进抑或停滞、循环、再现的过程中，不断产生新的物种。

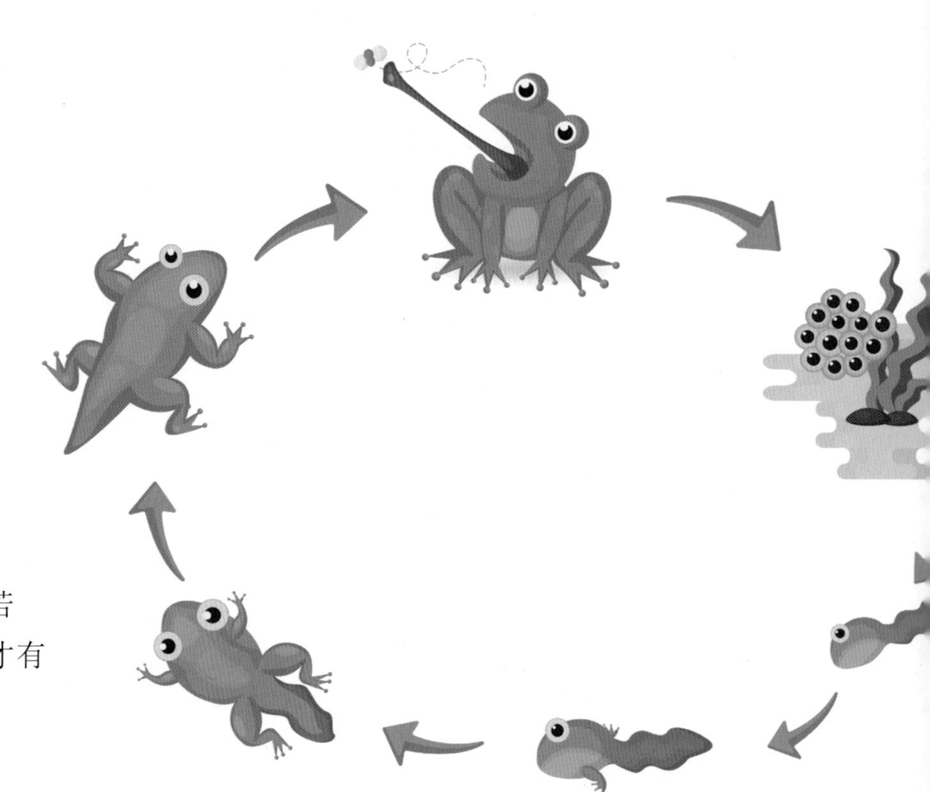

从一颗卵到青蛙

一只雌青蛙一次性可以产下上千颗卵，但多因真菌感染或饥饿而在几个小时内死亡。稍大一点的蝌蚪随时被鱼类或其他肉食性动物吃掉，最后仅有几十只蜕变为蛙。若可躲过干旱、饥饿或鸟类，3年后才有机会继续繁衍。

《物种起源》

达尔文在其著作《物种起源》中首次提出了进化论观点并证明了物种的自然选择说，这严重摧毁了各种神造论以及物种不变论观点，引发宗教界不满。甚至有人在漫画中，将达尔文描画成一个人猿结合的怪物，以此表达对他的讽刺。

自然选择的鸵鸟

鸵鸟的祖先最初可以飞行，随着生存空间转移到草原后，飞行的需要越来越少于奔跑，最终翅膀部位的肌肉萎缩而腿部肌肉加强。今天，我们看到的鸵鸟已经不再可能在天空飞翔了。

鸟类和蜜蜂无亲缘关系

鸟类和蜜蜂外形非常相似，也都能够飞翔，但是前者的翅膀由羽毛和骨头构成，而后者的是由许多均匀分布着像刺一样的绒毛构成的。部位功能相似但构造不同，两者并没有任何亲缘关系。

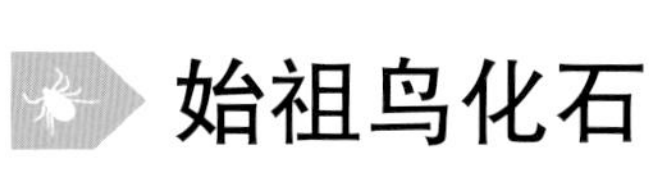

始祖鸟化石

1861年，在德国的一个采石场发现了始祖鸟化石。它长有鸟类的翅膀和羽毛，但是有牙齿和爪子，并且还有一根带着骨头的尾巴。专家认为它是从爬行动物进化而来的代表，符合达尔文的进化论。

海豹和蝙蝠有同一个祖先

海豹和蝙蝠是在外观上差异很大的两种动物，它们的骨架无论外形还是大小也差异明显，但是二者的骨架却具有相同的基本构造。这种骨架上的相同或相似性意味着它们拥有同一个远古祖先，具有亲缘关系。

光合作用

光合作用是植物或藻类利用光的照射，通过自身的叶绿素将二氧化碳和水转化为有机物从而为自身提供生长动力，并释放出氧气的过程。

以光为生

太阳为万物生长提供了能量，大约3秒钟时间，太阳就可以为地球输送出全体人类一天所需要的能量总量。但是真正将太阳能转为最佳生长能量的高手却是植物，它们从开始进化起到今天，始终分秒必争地在收集阳光。

绿色世界

植物的叶子中含有一种被称为叶绿素的物质，就是它来负责光的收集，以此进一步完成化学反应。但是叶绿素有能力收集光线中的红、蓝光，却对绿光无法收集，于是绿光就停留在了叶子表面，所以大量植物构成了绿色的世界。

叶绿体

除了必要的光，光合作用还需要土壤中的水和空气中的二氧化碳参与完成。当水和二氧化碳进入满是绿色液泡即叶绿体的叶子细胞之中，阳光穿透叶绿体的膜时，内部的叶绿素分子就开始进行采集工作，随即发生光合作用。

最佳拍档

植物进行光合作用而产生出一种废物，这个对于植物来说的废物就是纯氧。纯氧飘散到空气当中，成为动物生存所需要的氧气。而动物吸入氧气的同时又释放出大量的二氧化碳，这又为植物不断进行光合作用提供了条件。

葡萄糖

有了光的能量的协助，植物可以将吸收到的水和二氧化碳转化为葡萄糖。葡萄糖中所含的糖分含有植物成长的能量，是植物的生命燃料。同时，它也是机体生长所需的其他数百种物质的基石。

能量存储

为了存储自身携带的能量，很多植物将葡萄糖转化成为粉末状物质即淀粉。这些淀粉要么在根部埋入土中，要么在颈部被包裹着，要么索性存储在种子中，以此为繁衍后代提供能量。

植物存储的能量

人类食用的土豆、高粱和小麦中，都含有大量淀粉，这些淀粉中包含大量植物存储的能量。我们是从饮食当中直接获取了植物经过光合作用所形成的能量，想一想，我们还真是非常幸福。

弱肉强食

动物间残酷的血淋淋的厮杀与争斗每时每刻都在发生，这看似不公平的竞争是自然界的生存法则，唯有适者才能生存。

强盗鸟打劫

有一种热带海鸟，体形较大，胸肌发达，被公认为世界上飞行最快的鸟，有“飞行冠军”的美称，它就是军舰鸟。它靠着独特的先天优势，在空中逼迫其他鸟类放弃鱼虾，然后迅速俯冲获得鱼虾，因此又有了“强盗鸟”的绰号。

猎豹秒杀

时速可达120公里的猎豹有“短跑之王”的美称。当它将目光锁定在草原群居动物瞪羚羊队伍中的一头失散幼崽上后，潜伏、出击，数分钟内就可将猎物的喉管咬破。

新狮王杀戮

老狮王的领导地位一旦被新的狮王确立，新狮王就会寻机咬死群中老狮王留下的幼狮。新狮王不会伤害母狮，尽管母狮努力保护幼狮，但幼狮最终仍将难逃被杀戮的厄运。

老鹰喂食

强壮的老鹰一般一次产卵四五只。由于每次猎食有限，它们就采用选择性喂食方式，即谁能够在争抢中表现突出就喂食给谁，最终瘦弱的幼鸟会被活活饿死或者直接被强者挤出窝外摔死。

蜂王上位

蜂王是蜂群中唯一发育完全的雌蜂，地位极高，但是它的上位艰辛之旅从培育之初就已经开始。被选中的蜂王幼虫本身有其偶然性，但仍有几只待选幼虫同时被培育。最早成长起来的蜂王幼虫开始寻机杀死对手或将其赶出巢穴。

黄鼠狼杀鸡

黄鼠狼个头不大，却能捕杀超过自己体重几倍的鸡，这主要因为它利用了鸡有夜盲症的弱点。深夜黄鼠狼轻松伏到鸡的背部，用嘴咬住鸡的脖子并用尾巴抽打鸡尾。无法发出叫声的鸡，按照黄鼠狼的“驾驭”方向奔跑，最后被饮血食肉。

食蚁兽

食蚁兽喜食蚂蚁，60厘米长的舌头可以每分钟150次的频率伸缩舔食蚂蚁，并且舌头上满是小刺及黏液，蚂蚁只能被动送死。尽管食蚁兽一次可以吃掉454克左右的蚂蚁，但它选择定量摄取，然后更换蚁穴，确保长期食用。

食物链

简单来讲，自然界各生物间由于一系列吃与被吃的关系而将彼此联系起来，这种为获取能量而将彼此关联起来的序列排位，被称作食物链。

大鱼吃小鱼，小鱼吃虾米

中国有句俗语叫“大鱼吃小鱼，小鱼吃虾米”。据说受到这句话影响，1927年英国动物学家埃尔顿首次提出“食物链”一词。

《说苑·正谏》中的捕食

西汉散文名篇《说苑·正谏》中有这样一段描述：“园中有树，其上有蝉；蝉高居悲鸣饮露，不知螳螂在其后也；螳螂委身曲附，欲取蝉而不知黄雀在其旁也；……”其中就表现出了蝉、螳螂与黄雀各生物间的捕食关系。

三种类型

依据各生物之间的关系，食物链分捕食链（牧食链）、腐食链（碎食链）和寄生链三种。那些大吃小或强吃弱的为捕食链，以动植物腐烂遗体为食的是腐食链，某些原生动物寄生于大型动物体内的为寄生链。

第六个物种

一朵鲜花上，一只蝴蝶正在吸食花蜜，忽被猫蛛捉食。然而，冒险白天行动的草蛙吃掉了猫蛛。不料，一条睫毛蝰蛇吞下这只草蛙。此时，角雕盘旋俯冲，抓走了这条蛇。它没有天敌，成为这条食物链上第六个也是最后一个物种。

食物网

在复杂的生态系统中，一种生物往往会消费掉多种生物或者被多种生物消费掉，这样会形成一个互为交错的多条网状食物链，这就形成了食物网。

兔子危机

据说1859年，英国某舰队的船长带了27只兔子抵达悉尼港饲养，后来因繁殖能力过强而将其部分放到野外使之自然存活。但到1920年时，竟繁殖到100亿只，造成了严重的生态破坏。

外来物种

无论有意、无意还是自然入侵，外来物种都会因为控制不当而导致当地食物链受到破坏，生态平衡丧失稳定性。其中有微生物、动物，也有植物。

进攻与防守

进攻与防守是动物的两种不同生存状态，进攻有时为了获取同族间的支配权，有时为了主动获取食物，而防守多为了保护自身生命安全。无论怎样，动物界的进攻与防守都有各自的独特技巧和能力。

王位之战

狒狒家族雄性头领有优先享用食物和选择配偶的特权，因此常有年轻力壮的雄性狒狒挑战王位。面对挑战，头领在进攻前双手用力拍打地面并露出吓人的长牙做出最后的警告，警告无效后，一场王位之战随即开始。

雌雄双击

黑黎鸡个头不大，满身黑色，是特别护巢的鸟类。当有其他大型鸟类入侵鸟巢时，雌雄两鸟就会同时出击，勇敢地用喙和翅膀作为武器猛烈回击，甚至将来敌赶出巢穴区域很远。

两雄相争

每年的秋季，生活在北美洲西部山区的大角羊就进入了繁殖季节。羊群的首领公羊时刻警惕挑衅者的偷袭，而那些独身的挑衅者则更多的是想获得对方群体中母羊的青睐。不可避免的两雄相争中它们以各自的双角相互撞击，惨烈的激战便开始了。

假死高手

自然界中会假死的动物很多，但是负鼠堪称这方面的高手。危险瞬间，负鼠张嘴、伸舌、闭眼，身体不停抖动甚至肛门排出恶臭液体以增加死亡的味道，很容易吓坏和迷惑没有心理准备的猎食者。

排出内脏逃跑

海参生命力强，有些还能随着环境变色，在遇到危及生命的紧急时刻，它会迅速从肛门或体壁裂口处排出体内的内脏，以此迷惑对方并迅速逃跑。然后经过若干时间，重新长出全新的丧失部位。

伪装成树叶

有一种身体扁扁的叶形鱼，常常像一片落入水底的树叶，这实际上是动物的“拟态”本能。叶形鱼通过模拟树叶的形状，就可以有效避开其他食肉性动物或鸟类的袭击了。

草原强盗

有一种动物，它不主动去通过进攻来获取食物，而是群体合围从狩猎者手中直接掠夺食物，它们敢于从狮子口中夺食，甚至直接猎杀幼狮为食，它们就是被称为“非洲草原上的强盗”的鬣狗。

斑马的条纹

斑马的条纹黑白相间，在光线照射下可以模糊或分散自身轮廓，这一方面可以自我防卫，另一方面可借此进行同类间的相互识别。

交流与合作

所谓人有人言，兽有兽语，为了达到更好的生存目的，族群成员间会以特有的方式进行交流与合作，这在大自然各生物群体之间极为常见。

气味

蚂蚁在发现食物时，会将翘起的尾部拖地，从而排出一种特殊的信息激素，其他蚂蚁则在收到这一信息激素后，彼此通过触角进行传达。

声音

蛇、豹子和老鹰在捕捉黑长尾猴时，当负责警卫的猴子哨兵或其他成员觉察到危险来临时，会通过不同的鸣叫声表达侵犯者具体为蛇、豹子还是老鹰。

动作

蜜蜂会以特有的圆形舞或“8”字舞来告知其他伙伴蜜源具体方向和距离情况。

合围猎杀

狼以群体猎杀捕食为主，它们在猎杀时，先锋做骚扰、快狼做围堵、强者去猎杀，每头狼都有各自的任务，首领负责总体指挥。它们一步步将捕猎对象逼退到无路可逃，成功率极高。

弹性分工

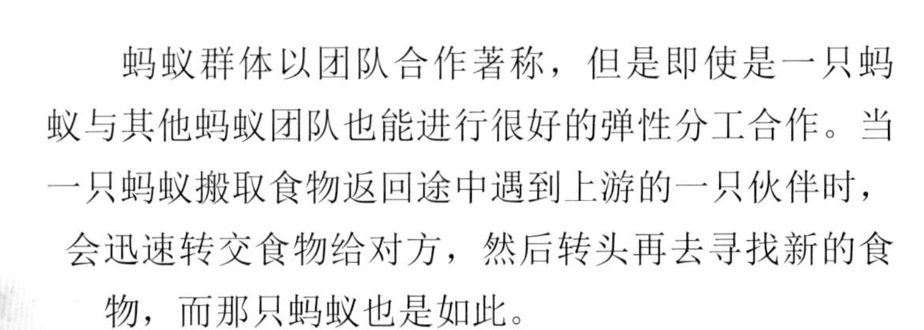

蚂蚁群体以团队合作著称，但是即使是一只蚂蚁与其他蚂蚁团队也能进行很好的弹性分工合作。当一只蚂蚁搬取食物返回途中遇到上游的一只伙伴时，会迅速转交食物给对方，然后转头再去寻找新的食物，而那只蚂蚁也是如此。

合作哺育

很多繁殖期的雌性动物会轮流充当哺育者角色，这在哺乳动物、节肢动物和鸟类等多种动物中都有存在，生物学家将这一行为称作“合作哺育”。这种行为渗透在打窝筑巢、孵化及喂食的各个环节当中。

壁虎妈妈

壁虎妈妈常常将产下的一对卵粘在洞中的墙壁上。但是我们仔细观察，却发现同类型的卵有很多，原来是多个壁虎妈妈共享一个洞穴墙壁进行产卵和孵化。

休息与睡眠

为了让身体机能在活动期间保持最佳状态，休息与睡眠就成了一种必要。当然，休息有时发生在行动过程当中或结束后，有些则是随着昼夜更替，以睡眠的方式进行的。

随机休息

豹子奔跑速度很快，但是因为身体无法承受奔跑时产生的热量负荷，每奔跑一定时间就必须停下休息一阵，避免疲劳而死。有时即便捕猎成功，也需要歇息过后才能进食。

站岗休息

大雁群体迁徙途中需要必要的休息，这时，会有几只有威望和经验的老雁负责轮番站岗放哨，以保障雁群在无危险情况下得到更好的休息。

睁一只眼闭一只眼

猫头鹰一般夜间出来捕捉田鼠而在白天躲在安全处睡觉，睡觉时睁一只眼、闭一只眼。

风平浪静时

鲸鱼需要在平静的海面上才能群体依偎在一起，呈辐射状进行集体睡觉。若遇到多日巨浪滔天，它们索性不睡，因此很少有固定的睡眠时间。

同枕共眠

鸳鸯是出了名的恩爱，白天出行左右不离，晚上睡觉时，雄的用右翅膀搭在雌的身上，而雌的则用左翅膀搭在雄的身上，同枕共眠，甚是恩爱。

与人为邻

野山羊尽管在山谷峭壁的生存能力很强，但是它对抗敌人的自卫能力不足。为了防止睡觉时受到偷袭，它聪明地选择土拨鼠做邻居。它趴在土拨鼠的窝边睡觉，当听到机警的土拨鼠因觉察到危险而发出叫声时，立刻起身逃跑。

冬眠与夏眠

冬眠与夏眠都是动物对自然环境的一种本能适应，通过这种方式，它们可以以不吃或少吃食物的方式，度过漫长或短暂的艰难时光。

山洞里的黑熊

黑熊凶残且体形庞大，几乎很少有对手，对食物也不挑剔。冬天到来时，黑熊在用过最后一次饱餐后，躲进大山深处的洞里，睡上长达5个月的大觉，以此度过寒冷的冬日。

草叶堆里的刺猬

温度还没降到零下时，刺猬就已经无法抵抗寒冷了。它会找寻一处枯草乱叶最为厚实避风的场所，然后将身体蜷缩成一个球形，进入冬眠状态。这期间，为了防止捕食者的侵扰，它全身的刺始终竖立着。

非洲肺鱼

非洲的肺鱼有腮和肺两套呼吸系统。雨季，它在河水中用腮呼吸。旱季，它藏匿到泥藻中，用肺呼吸并进入夏眠状态，以此度过漫长的6个月干旱时光。

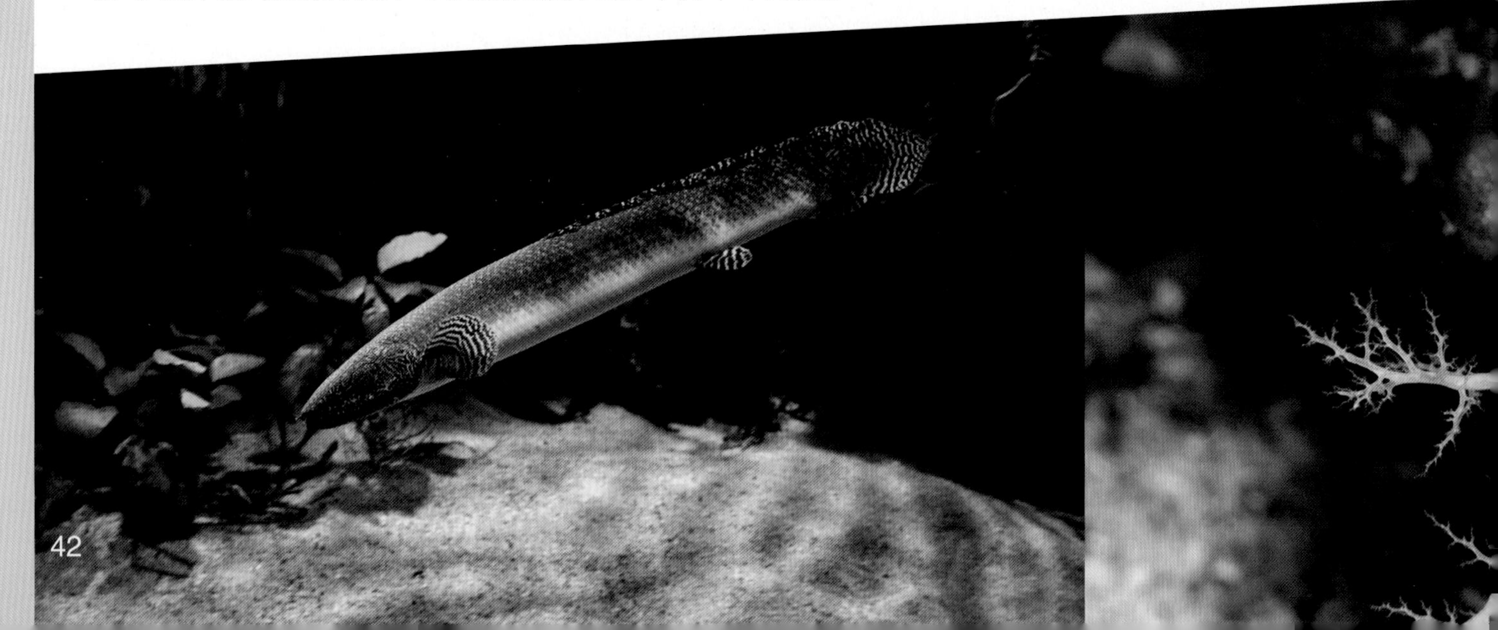

睡大觉的四爪陆龟

四爪陆龟的习性很简单，一年中差不多有300天的时间在睡眠中度过，其中就包括冬眠和夏眠，剩余的那点时间则是用在进食和繁衍后代上。

藏在壳子里的蜗牛

蜗牛对温度很敏感，低于5℃或高于40℃都会要了它的命，所以蜗牛在寒冷的冬季和炎热的夏季都会进入休眠状态。休眠时，它的头和足藏在壳内，封口处被分泌出的黏液封住。

海底的海参

海参生活在海底，以吃浮游生物生存。夏季到了，海面的海水因光照而温暖起来，大量的海底生物开始上浮到海面进行繁殖活动。没有了充足的食物，没法跑动的海参就此开始进入夏眠时间。

冬眠的遗传基因

有日本科学家发现，在一些冬眠动物血液中存在一种特殊的罕见蛋白质HP，它仅在冬眠的动物且也只有在冬眠时才同步出现。科学家猜想，如果能够破译冬眠动物的这个遗传基因，人类也有实现冬眠的可能性。

迁徙与洄游

迁徙与洄游都是动物为了食物与繁衍而进行的有目的性的周期性活动，迁徙的动物以鸟类偏多，而洄游则特指鱼类，两者都需要一个较为漫长的旅行。

雪雁

洁白如雪的雪雁主要分布在北美洲地区，每年11月初，它们开始从美国南部飞向阿拉斯加的北部地区筑巢繁衍后代。迁徙过程中雪雁可以持续飞行70个小时，犹如漫天雪花空中舞动，甚是壮美。

帝王蝶

帝王蝶是美洲非常著名的一个蝴蝶种类，它们的迁徙因为时间过长，居然需要好多代交替进行才能完成，所以人们直到1975年才发现它们最终的迁徙目的地。因此帝王蝶可能是昆虫当中，迁徙距离和持续时间最长的蝶类了。

非洲象

旱季的非洲，水草资源匮乏，为了生存非洲象必须进行大规模的迁徙。于是，在头象的带领下，以生存为目的的漫长迁徙队伍开始了艰辛的跋涉。

欧洲鳗鲡

欧洲鳗鲡体形如蛇，寿命可达85岁，是一种十分神秘的鱼类。每到秋季的一个暗淡的夜晚，它们的洄游旅程就开始了，它们最终会游到大西洋的马尾藻海产卵。

绿海龟

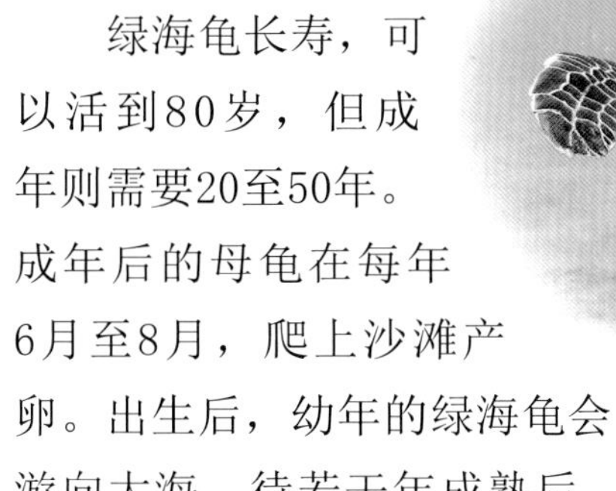

绿海龟长寿，可以活到80岁，但成年则需要20至50年。成年后的母龟在每年6月至8月，爬上沙滩产卵。出生后，幼年的绿海龟会游向大海，待若干年成熟后，母海龟会再次凭借出色的记忆力洄游到出生地产卵。

大马哈鱼

勇敢的大马哈鱼洄游堪称地球上最壮观的旅程。春季来临，几亿条大马哈鱼聚集在北美洲的西海岸，开始踏上3000英里（1英里=1.6093公里）的迁徙之路，回到它们的出生之地，准备产卵。

迁徙之王

北极燕鸥是被称为“迁徙之王”的海鸟，如果有30年左右的寿命，它的迁徙里程合计可以从地球到月球之间往返两到三次，让人震惊。即便是刚出生一个多月的幼鸟，也将很快加入北极到南极之间的迁徙之旅。

生儿育女

各种生物的结构、习性及基因存在差别，因此在繁衍过程中会有很大程度上的区别。在繁衍过程中，为更好地让后代适应生存，它们甚至付出生命的代价。

付出生命

章鱼有3个心脏、两个记忆系统，这么强大的生物为了照看好自己的卵，会完全拒绝身边的任何鱼虾而专心负责保洁和防卫工作，如此常常达到数月甚至更长时间，直到这些卵完全孵化成功，最终劳累死去。

单亲繁殖

海葵是一种生长在海洋中的肉食动物，看上去很像花朵。和很多其他动物的繁衍方式不同，成熟的海葵通过自我撕裂而形成两个独立生长的动物个体，这种极端的单亲繁殖，在微生物界普遍存在，但在动物界很少。

牵着鼻子前进

非洲象妈妈的慈爱在动物界非常有名，从小象出生时起，象妈妈几乎不离左右地照顾它。即使是在漫长的迁徙过程中，象妈妈也会为了避免小象掉队发生危险，始终牵着小象的鼻子保护小象前进。

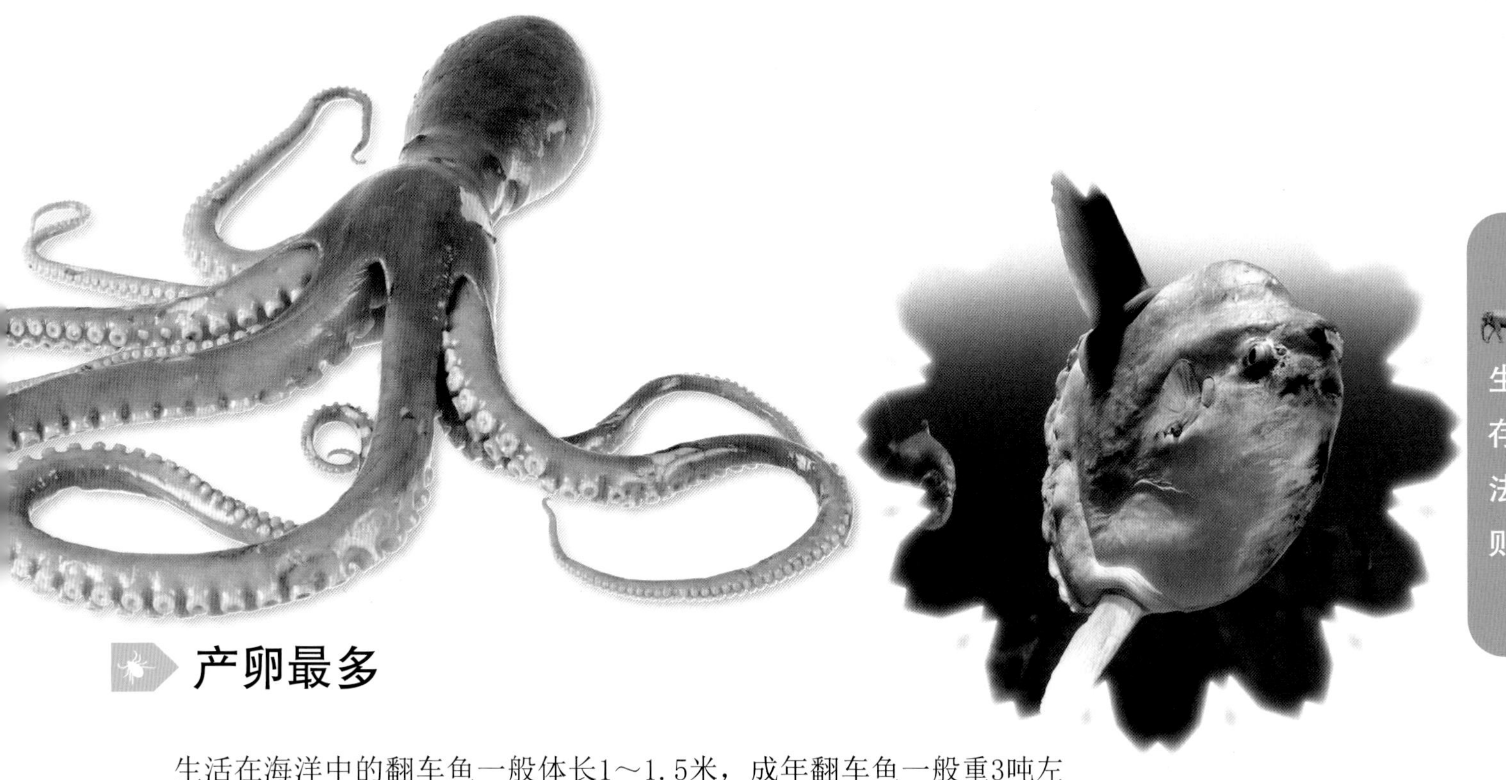

产卵最多

生活在海洋中的翻车鱼一般体长1～1.5米，成年翻车鱼一般重3吨左右。雌性翻车鱼一次可以产下3亿多粒卵，以此尽可能留下更多的后代。

族群集体善待

狼是一种典型的群居动物，一只幼狼出生后，会在族群当中得到群体善待，每一只狼都会本能地保护和哺育它。小狼咬着成年狼的嘴巴示意饥饿时，成年狼会随时把胃中的食物吐出来喂给它。

筑造爱巢

家燕俗称燕子，一般在屋檐下筑巢。为了确保能有更多时间用来繁殖，家燕会尽可能选择前一年的旧巢，然后辛苦地衔回泥巴和枯草，再经过风干，慢慢将其修补为干燥温暖的小窝。

本　能

尽管小海龟出生于沙滩，但是出壳后的小海龟会顺着海浪方向本能地爬进大海，这样就能躲避很多天敌的捕杀。

群居动物

残酷的生存环境使得很多动物选择群居方式，以更好地觅食、繁衍和抵抗外敌。它们以集体为单位，互相协作，得以让种群得到更好的延续。

宽吻海豚

宽吻海豚一般10多只组成一群，多以雌性和幼崽为主。各成员之间亲密感很强，常常一起觅食，一起嬉戏，如有个体受伤，经常有多个成员围拢不舍。在分娩时，它们也会集体对怀孕的妈妈和产后的幼崽提供帮助。

非洲水牛

非洲水牛常常成为非洲草原上其他大型动物的捕猎对象，狮子就是其中之一。每当捕杀开始时，永远都是雄性水牛充当雌性和幼崽的保护者，它们以尖角猛烈反击狮子，毫不畏惧。

豺

豺一般以家庭方式存在，但是捕猎时会本能地以几个家庭组成一个大群进行狩猎，而群首则以更具经验和能力的一对雄雌情侣担当。当然，它们也会因食物的分配问题和群体的领导权问题而发生争斗。

狮子

一个狮群平均有17个成员，雌狮子是狮群的核心，也是主要的狩猎者，因为狮群领地较为固定，所以更重要的安保工作由雄狮负责。

合作捕猎

凶猛的狮子为什么还需要群居方式来存活呢？有研究专家认为，合作捕猎到更大的猎物并提高成功概率，这是狮子群居的主要原因之一。当然，为了避免捕猎后的分配不均问题，它们往往捕捉斑马、水牛之类的大型动物。

蜜蜂

蜜蜂的蜂群有明确的分工和等级制度。蜂后主要负责产卵，而雄蜂负责交配。最为忙碌的是工蜂，它们负责喂养、搬运、筑巢、采集蜂蜜及清理打扫。

珊瑚鱼

海洋生存竞争激烈，个体娇小的珊瑚鱼缺乏攻击能力。为了赢得一席之地，它们常常千百只集结在一起，通过奇妙的变色和伪装，共同抵御捕食者。

互利共生

两种不同种类的生物彼此相互依存互不分离，这种存在关系就是互利共生关系，在自然界广泛存在。

豆蟹与蓝贻贝

豆蟹，顾名思义就是如豌豆般大小的一种小型蟹。当它以一颗卵的形式漂浮在海面时还是独自生存，直到成长为幼体时，才会在成堆的蓝贻贝中选取一个进入，然后产卵。在这一过程中，蓝贻贝为它提供碎屑食物，它则为其清洁身体。

蚂蚁和蚜虫

蚂蚁喜甜食，会通过敲打蚜虫腹部来获取其分泌的蜜露。蚜虫则通过吸吮植物汁液获取蛋白质。为此，蚂蚁会在植物茎叶周边建盖土屋供蚜虫出入并不断扩大新的战场，甚至会将蚜虫的卵搬到巢里过冬。

吸盘鱼和鲨鱼

吸盘鱼以特有的吸盘结构吸附在鲨鱼身上周游四海，是有名的免费旅行家，当然，它会以清理寄生虫的方式来回报鲨鱼的搭载之恩。

植物与菌类

互利共生关系很多，除了动物之间，植物与菌类之间、人与菌类之间也有这种现象。人体成了肠道菌群的生存场所和养分供给来源，而肠道内的菌群则为人体提供维生素B_{12}和维生素K。

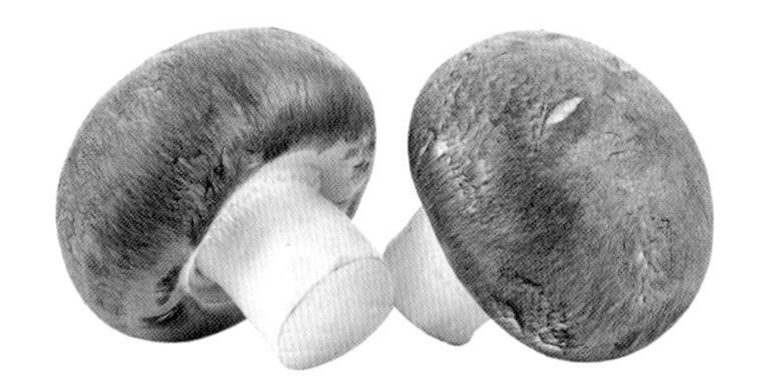

蝎子和蜥蜴

在如火的沙漠地带，很多小型爬行动物需要洞穴来躲避高温。蝎子不擅长挖洞，就钻到蜥蜴的洞中纳凉。但一旦有敌情发生，蝎子就会依靠有毒的尾刺来保护它们的共同安全。

犀牛与犀牛鸟

犀牛坚厚的皮肤有防护功能，但是皮肤间的褶皱处却常常被寄生虫和蚊虫叮咬。犀牛鸟结群落在它们身上，啄食这些虫类。同时，犀牛鸟还可以弥补犀牛视力薄弱的不足，通过它们的观察帮助犀牛进行防范。

寄　生

很多生物没有摄取养料的能力，必须以存活于其他生物体内或体表的方式来获取营养，这就是寄生生物，其所进行的生存方式就是寄生方式。

铁线虫

铁线虫的卵一般产在水流中，一些昆虫及野外用水的人类常常会饮入体内。成熟后的幼虫诱使宿主寻找水源进而溺水死亡，然后它们趁机脱离出来。人体被侵入后，虫体甚至可在人体内存活多年，造成身体疾病。

双盘吸虫

双盘吸虫常将蜗牛作为宿主，通过控制蜗牛的大脑来左右蜗牛行动，并使身体发生光线变化进而引起鸟类注意，并被鸟吃掉。双盘吸虫体内的卵连同鸟的粪便被一起排出，双盘吸虫再次进入新的蜗牛体内摄取营养，开始新一轮的成长周期。

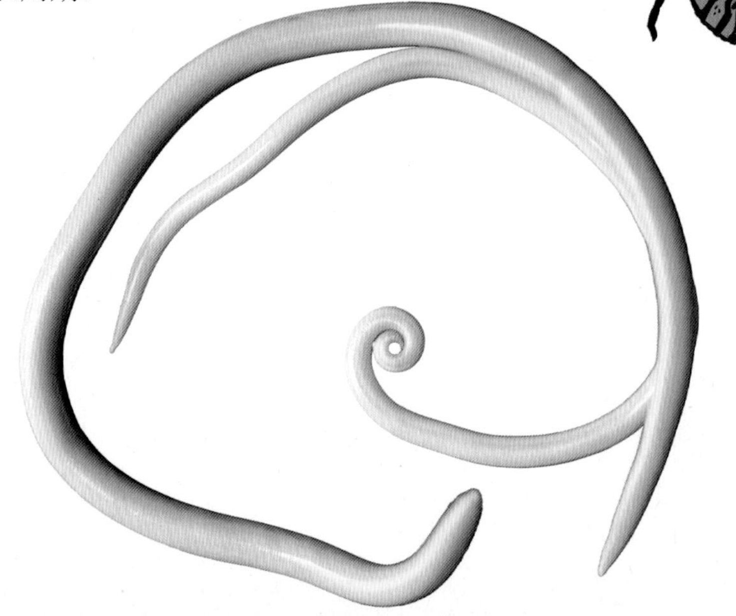

裂头蚴

裂头蚴一般寄生在青蛙和蛇的身体上，吃了青蛙或蛇的人就有机会被裂头蚴感染。裂头蚴的虫卵会在肠壁内孵化为幼虫，然后经血液进入人脑，导致抽搐及癫痫等严重问题。

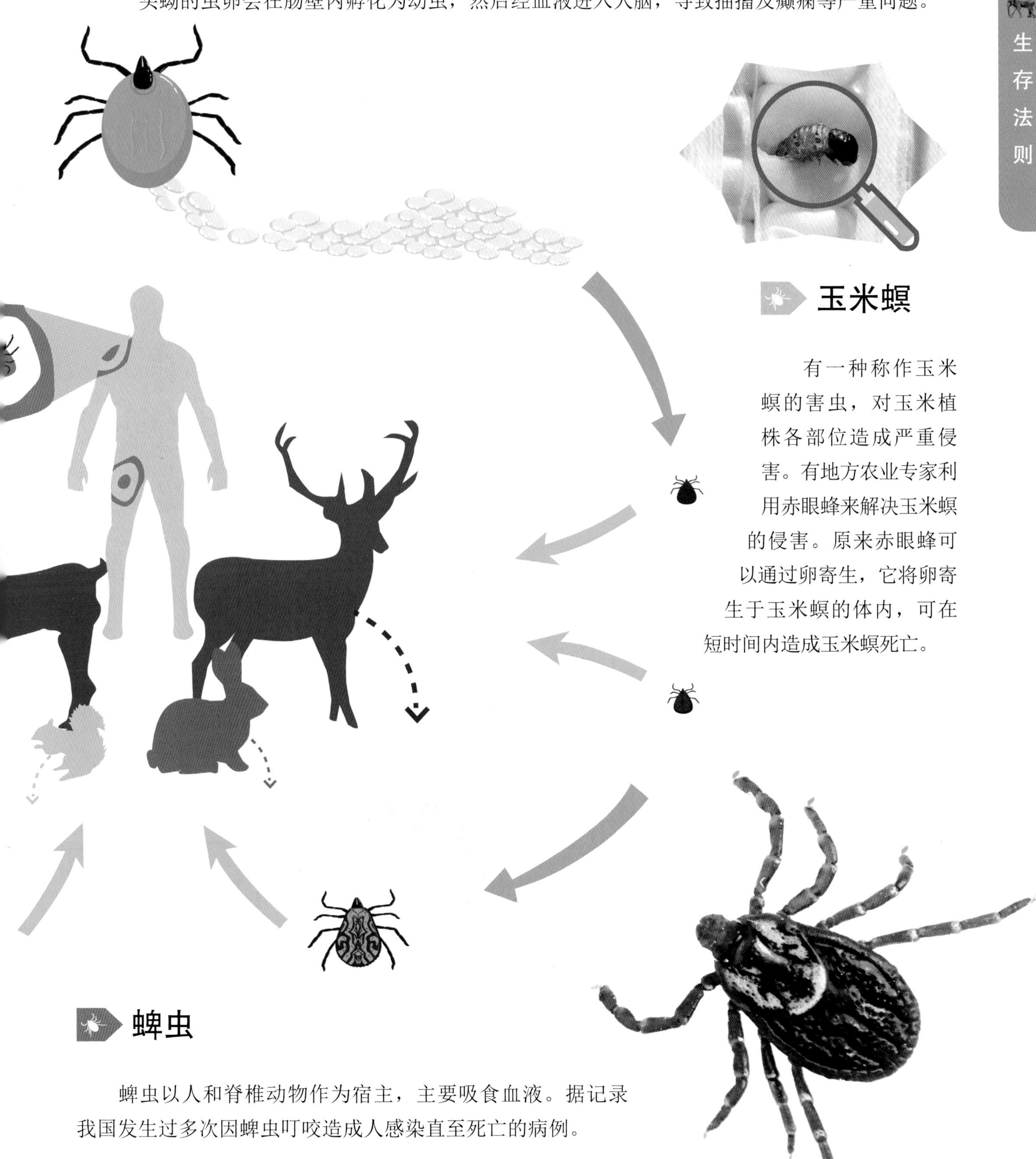

玉米螟

有一种称作玉米螟的害虫，对玉米植株各部位造成严重侵害。有地方农业专家利用赤眼蜂来解决玉米螟的侵害。原来赤眼蜂可以通过卵寄生，它将卵寄生于玉米螟的体内，可在短时间内造成玉米螟死亡。

蜱虫

蜱虫以人和脊椎动物作为宿主，主要吸食血液。据记录我国发生过多次因蜱虫叮咬造成人感染直至死亡的病例。

生态系统

人类居住的地球受到地理、气候、地貌及土壤等因素影响而形成了各种各样的生态系统，主要有海洋生态系统和淡水生态系统，各系统中包含着不同的生物与环境的各自作用关系。

地球生物圈

从最小的微生物到最高的植物、最庞大的动物，整个地球上的生物都被囊括在一个系统的生物圈当中。正是这个圈的各层组成了丰富的生物类别，而生物如果出离这个适合生物生长的生物圈环境，则很难生存下来。

高空生命

距离地面2万米的高空，大量的微生物、极轻的孢子和花粉随风浮动，飘荡在这里。再往下，海拔1000米的天空，昆虫和鸟类占据了这一独有的要道，尤其昆虫，以超过鸟类数倍的数量，在这个空间扇动着生命的翅膀。

陆上生命

赤道附近，茂密的热带丛林滋养着丰富的动植物的生命，而在赤道外围的沙漠地带，因为降雨量极少，分布的生命数量也少之又少。但在赤道南北的温带地区，动植物种类丰富起来，尽管远远不及热带地区的生物丰富。

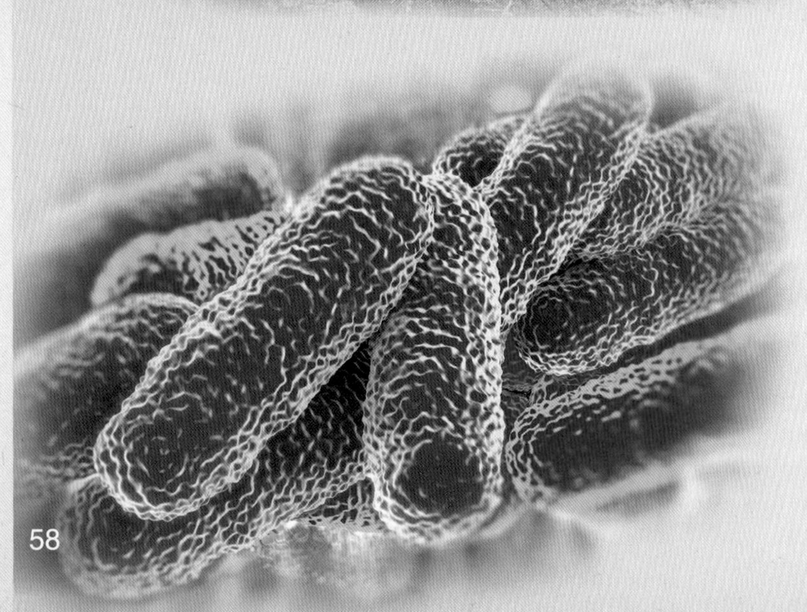

地下生命

生物圈延伸到的地下部分也仍然充满生机。土层中存在大量的动物、真菌和微生物，一些细菌也分布在地下含水的岩石缝隙中。

大陆架生命

陆地延伸到海洋处的那部分区域称为大陆架，也就是海洋中的浅水区域，那里生活着大量的海洋生物。而海底深处的鱼类正是以生活在大陆架上的生物为食，这成为生物圈中生物最为活跃的区域。

海洋中的层级

海洋大概可分出两个层级：一个为接近海面处接受阳光照射的暖层，那里很多藻类通过光合作用进行生长；另一个为深海冷层，有些动物就在这样的高压而寒冷的环境中生活。

马里亚纳海沟

目前世界上最深的地方是马里亚纳海沟，深处可达11034米，如果把大家熟悉的珠穆朗玛峰放入海沟底部，那么珠峰还需要再增长2000多米才能露出海平面。

海底深处

海底的最深处似乎有些空荡，但依然有生物在这里以上层水域沉积下来的残骸沉淀为食。而在这些沉积物下，海底岩石下和数千米的更深处，还是有细菌存活其中。也正是在这里，生物圈的分布到了终点。

海洋生态系统

地球95%以上的物种都生活在海洋，因此可以说海洋是绝大多数生物的栖息之地。海洋深处有与陆地上类似的山脉和平原，也有大面积的空地和沙漠，只是没有陆地上的诸多自然灾害，但是来自生物彼此之间的竞争与追捕，从未停止。

鱼群与滤食者的战争

很多鱼群为了避免攻击常常组群生活，它们总能精准地共同游向某一特定方向，甚至会快速空出通道以避开攻击；驼背鲸绕着鱼群吐出气泡帘进行迷惑，然后从上往下吞食；长须鲸则张开大嘴吞进数吨海水，然后过滤留下食物。

海上薄“雾”

从高空俯视海面，会发现通透的水面上依然有一层薄薄的“雾气”笼罩。实际上，这些“雾”由若干微小型生物构成。其中有吸收光照的单细胞海藻及漂流其中的单细胞原生动物，还有刚刚孵化出的鱼苗、虾蟹等各类浮游生物。

聪明的狩猎者

海草鱼只有大拇指大小，它潜伏在漂浮的海草中很难被发现，可以将经过的猎物瞬间吸入嘴中；海豚和鲸鱼体形过大，便采用反隐蔽术，直接将身体与环境颜色融合，然后通过与水面的光线作用混淆视听，最终捕获猎物。

漆黑的深海

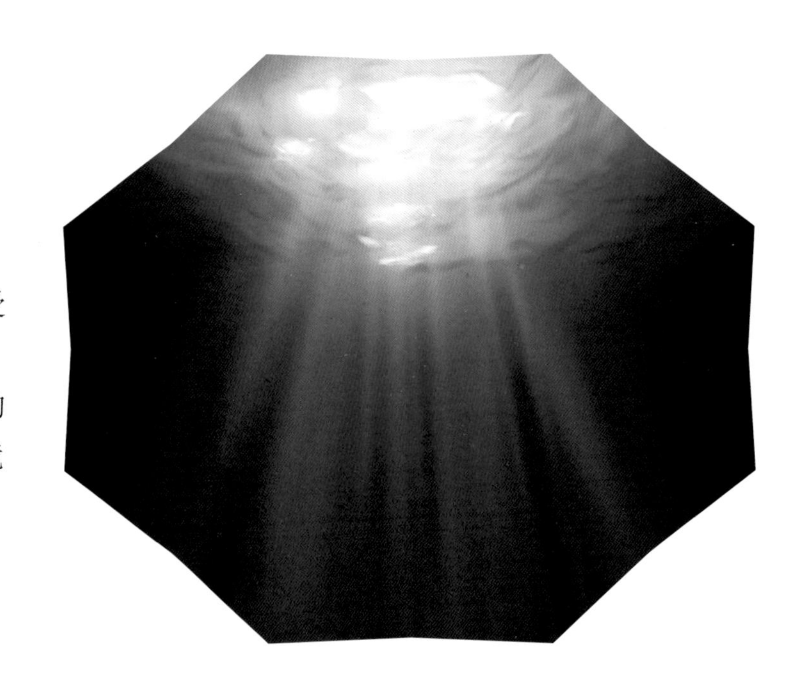

科学研究确定，生物在海底所能承受的最大极限是8000米，而在水下200米，所有的光几乎消失，深海实际上是真正的漆黑一片。看来那里发光的鱼也是受环境所迫而发展出了独特的能力啊。

深海处的亮光

深海无光，很多动物就利用自己的发光器作为诱饵进行诱捕。比如蝰鱼，它通过身上各处的发光器作为猎捕、吸引异性的手段，也会喷出发光的液体驱赶入侵者。

黑暗中的热量

1977年，人类在海底深处发现了第一个热液孔。在孔洞周围的岩石中，巨型管虫互相缠绕，蛤正吸附于海床，一些龙虾和白蟹也四处游动，它们都以食用细菌为生，而那些细菌则以食用矿物质为生。黑暗中的热量如同陆地上的太阳，孕育着生命。

空中来客

浮游生物是在空中俯视海面的水鸟们最为关注的对象，燕鸥、信天翁及塘鹅等纷纷从天而降，一头扎进海面，突袭水面浪尖上的猎物。

淡水生态系统

相对海洋生态系统，在淡水环境中的各类生物与环境相互作用而形成的一套自然系统，就是淡水生态系统。这些环境包括河水、湖泊、池塘、水库、溪流及水渠等，生长在其中的动植物则千姿百态、各式各样。

水塘里的微生物

平静的湖泊和池塘里，不计其数的微生物生存其中。这里有最小的绿色微生藻类漂浮于水面，是微型动物们的食物。而这些微型动物又成为小鱼虾们的食物，一环套着一环。比如池塘里的水螅，它抓捕小型动物的同时，也要防止被偷袭。

芦苇、芦苇床及鸟类

水生植物芦苇以超强的生命力生根、开花于世界各个地区的池塘、沟渠、湖泊和礁湖中，它算是最成功的、分布最广的草本植物了。于是，满河床的芦苇床形成了，尽管阻碍哺乳动物出行，却让鸟类得以藏身、繁衍和筑巢。

漂浮水面的植物

睡莲的叶子平铺在水面，成了蜻蜓和体小爪大的水鸟们的歇脚地，聪明的鱼儿也躲在下面寻求安全；盐粒大小的浮萍染绿了水面，被动物从一个池塘传播到另一个池塘；一些含菌的水生蕨类滋养了稻田；漂亮的水葫芦最容易泛滥成灾了。

过路客

很多动物的生长和繁衍离不开水，但它们又并非淡水中真正的永久居民。比如水獭每天忙碌地奔波在水和陆地两端，再比如大批的蜉蝣在水面结群等待蜕皮高飞，它们只是淡水里的过路客。

短暂的旅行者

青蛙和蟾蜍准备繁衍下一代了，它们会返回曾经作为蝌蚪的“童年故乡”环境，可能是池塘或者更大的湖泊。雄性首先赶到，然后以响亮的蛙鸣招呼雌性。产卵结束后，它们再次离开这片水域，而那些蝌蚪则开始新一轮的生命繁衍。

蚊子的幼虫

蚊子的幼虫叫孑孓，它们的身体藏在水中。当需要空气时，就将身体悬挂在水面上，然后通过具有防水作用的“通气管”来进行呼吸，非常安全。

长途旅行家

淡水是较为安全的繁衍之地，而海洋则更利于捕获食物，所以，每年总有类似大西洋大马哈鱼或欧洲鳗鱼这样的洄游鱼类开始进行漫长的长途旅行。它们从海洋游回记忆中的出生地，一路艰辛，只为繁衍。

河马的地盘

河马是群居性半水生动物，每群一般会有40头以上的成员。为了保持身体的清凉，它们白天会选择相互依靠的方式，共同在一个由公河马掌控的水域中集体休息。

森林的子民

茂盛的森林养育了物种丰富的生物，随着四季轮转，这些大小不同的生物都将以自己特有的生理机能，去积极面对森林环境的变化。而森林也正因为这些大小生物的繁衍生息而潜移默化地发生着丝丝缕缕的变化。

达尔文青蛙

达尔文青蛙是一种极为稀有的南美洲生物，主要生活在森林的小溪中。它不会像其他蛙类那样产后不管，而是等到孵化后，雄性青蛙会将蝌蚪临时吞入喉咙处的“育儿囊”中，直到蝌蚪在数星期后生长为青蛙时，才将它们吐出。

延龄草

在北美洲的森林里，一簇簇延龄草在春季之初就四处冒出头来。原来它们的种子表面有一种“油脂体”，能够吸引蚂蚁将其作为食物搬运到蚁穴当中。蚂蚁吃光“油脂体”后，种子也就被丢弃，进而顺利地在春天发芽，生长。

松鸦

松鸦在从欧洲到日本的森林中几乎都有分布，它们羽毛鲜艳，终日忙碌。春夏时节，它们捕食各类昆虫；秋季，它们食用橡树的橡子并将其埋在地下存储；冬季，它们凭借记忆挖出橡子食用，而那些剩余的种子就开始生根、发芽。

合作者

森林中存在间接的合作关系。鸟类吃掉绞杀榕的种子，排泄时种子会有落在树枝上的可能性，于是种子开始发芽为气根；一种花蕊深30厘米左右的兰花，需要舌头伸长可达30厘米的天蛾吸食花蜜，然后天蛾便飞向下一朵兰花。

鹿

森林中的鹿多会以植物的叶子为食。到了秋季，小树的树冠和树皮开始被它们啃食。冬季，树皮干枯而牢固，鹿就小口地啃上几口。熬过冬季，早春润滑树木，湿嫩的树皮很容易被鹿撕下长长的一条。但对于一个偌大的森林来说，这构不上危害。

一棵死去的树

森林中的一棵树因某种原因枯死，它的树干可以成为啄木鸟的家；啄木鸟和猫头鹰会把蛋产在树洞里；一些有智慧的小鸟会用泥巴将洞口缩小，以防止大鸟入侵；蝙蝠也觉得这是安全又避雨的好处所。

有效“燃料”

棕熊饮食较杂而且食量很大，厚厚的脂肪占据了它一半的体重，而这些脂肪也成了它冬眠时的有效“燃料”。进入冬眠状态的棕熊体温降到5℃，但是睡眠非常的浅，一旦有风吹草动，它还会醒过来察看情况。

草原的儿女

草原是地球生态系统的一种，极为开阔，自然环境较为简单，动物构成也比森林及海洋地带简单得多。稀疏的树木和零星的水塘成为辽阔草原的随意点缀，但正是这样的草原曾是人类生命最早出现的地方。

非洲黑斑羚

黑斑羚是非洲草原上分布最广的群居动物，以奔跑速度快和跳跃能力强而闻名世界，最快时，每一下可以跳出9米的距离。它们在陡峭的岩石河谷环境中生活，啃食苔草和一些灌木的叶片。

迁徙的队伍

在东非大裂谷河谷边，有100多万头角马、45万头瞪羚和20万匹斑马，它们总是在雨季来临时进入开阔的草原，而在干旱季节时转移他处。成群的草原队伍与它们的祖先一样，世代迁徙。

藏身地下

地上无法避难，但密实牢固的草根有助于一些动物更好地建立地下藏身之地。草原上的猫头鹰没有可以居住的树，索性找洞安家；土拨鼠更是挖掘出一个四通八达的地下“城镇”；罗马白蚁搞出南北朝向，在日出日落时吸收太阳热量，在正午时保持凉爽的洞穴。

濒危的物种

大型食草动物大象和犀牛视力不佳，敏锐的嗅觉虽为它们提供了可靠的防御保障，但它们却无法防备持枪的人类——为了牙齿或角——它们更多的是被贪婪的人类夺去了生命。

群居警戒

草原的辽阔给猎食动物带来捕杀的绝佳视野，而被追捕的一方则只能选择被动防守。最终，食草的哺乳动物比如斑马、瞪羚们，会以一套警戒系统进行防守，绝不给追捕者轻易就能成功的机会。

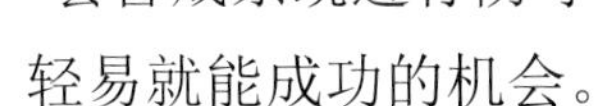

出生在是非之地

草原对于出生充满风险。羚羊躲到浓密的灌木丛中产下后代；小羚羊要早早地学会闭合体味腺以躲避追杀；为了躲避猎物，母角马能在行走或奔跑中分娩；生产出的小角马，3分钟后便能站立，1个小时后就能跟随角马群奔跑。

猴面包树

在非洲的草原上有一种树叫波巴布树，但当地人却都叫它猴面包树。原来这种树结出的果实为椭圆形，很像当地的面包。果实甜美多汁，每到成熟时，猴子就成群过来爬树摘果，人们也因此就管它叫“猴面包树”了。

山地群落

每块大陆都有山地，每处山地都是动植物重要的栖息地。但山高风大，要么冰雪覆盖，要么烈日当头，这都需要山地群落的动植物居民们具有较强的适应能力，才能过上舒适的野生生活。

冬眠的动物

很多小型食草动物没有更大时间跨度的捕食或迁徙能力，它们随时有被饥饿结束生命的可能。最终，它们选择冬眠方式度过难熬的冬季。比如有些地鼠为此甚至大半年的时间都在睡眠中度过，只有活跃的12周用来进食。

树线之上的植物

高山的树木到了一定高度后，会因寒冷而停止生长，这个高度即树线。生活在树线之上的植物，其茎叶微小且带有纤毛，这使其可以更好地应对干旱和风沙，还能更大程度地接受积雪覆盖，用来保暖。

蚱蜢冰川

很多昆虫迁徙时，需要经过高山地带，但是有些高山海拔很高，加上迁徙时气候复杂恶劣，会有很多昆虫无法成功飞越高山导致死亡。在美国西北部蒙大拿州的“蚱蜢冰川”中，就堆积有不计其数的蚱蜢尸体。

穴居的家伙们

洞穴没有植物，穴居的小动物们需要自己想办法解决。原生动物跳虫、千足虫及蟋蟀喜欢采食蝙蝠的粪便及残骸，而蜘蛛和盲蜘蛛就趁机捕捉它们；洞穴鱼类、洞穴虾和蝾螈则对洞穴流水中漂来的外界食物残渣感觉异常敏锐。

山顶上的秃鹫

有记录说，一架飞机曾在11000米的高空碰巧与一只秃鹫相撞。为了生存，秃鹫会在高山顶处安家，从而以更开阔的视野搜捕猎物。而聪明的非洲胡秃鹫，在吃光猎物的皮肉后，会选择较大的骨头并将其带到高空后抛出，然后吸食渗出的骨髓。

本土哺乳动物

山地领域的哺乳动物可以在空气不足的山地生活，是因为它们已经具备了更为强大的心肺功能。比如野骆马一生都在平均海拔近5000米的高山草地上生活，而雪豹在超越树线海拔后依然可以奔跑狩猎，如履平地。

山地飞鸟

山地的飞鸟为了寻找食物，也需要到特殊的环境中去尝试。红嘴山鸦钻进山上的草地中觅食蠕虫；鸣禽鹪鹩积极在岩缝中寻找蜘蛛；旋壁雀以尾巴作支承，用爪子紧紧抓住岩壁，如登山员一样，不断在岩土之间搜寻食物。

高原物种

高原地带高寒缺氧、山高谷深、气候恶劣，被称为生命的禁区。尽管人迹罕至，但那里却是一个生机无穷的野生动物乐园。

白唇鹿

白唇鹿生活在海拔3000至5000米的青藏高原地带，是中国特有的古老物种。白唇鹿喜欢群居，长期活跃在高山草甸之间，有超强的跳跃能力并且善于游泳，无论山路还是河流对它而言都不是障碍，被奉为青藏神鹿。

野牦牛

野牦牛与高原人家驯化的牦牛同类，四肢粗壮有力，性情凶猛好斗。野牦牛有低垂的毛且脂肪很厚，非常耐寒。它是青藏高原特有的物种，也是国家一级保护动物。在海拔3000至6000米的高寒草甸、荒漠等地带生活，清晨和晚上出来吃草。

藏羚羊

藏羚羊在海拔4000至5000米的高山草原栖息，非常善于奔跑，也喜欢集结成群。藏羚羊鼻子部位较宽，而且稍稍隆起，雄性长有长角，一般早晚出来觅食，主要吃一些低矮的针茅草、地衣等各类杂草，是国家一级保护动物。

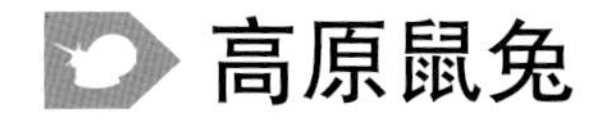

高原鼠兔

高原鼠兔为青藏高原特有物种，属兔形目鼠兔科，没有尾巴，身体圆滚。高原鼠兔物种数量庞大，喜欢在坡地与河谷区域栖息。鼠兔挖掘洞穴来躲避严寒和逃避追捕，而其洞穴常被鸟类和蜥蜴作为生存巢穴占用。

裸鲤

在西藏洋湖里生活着一种名叫裸鲤的鲤鱼，没错，“裸体”的“裸”，因为这种鱼全身没有一点鳞片。洋湖海拔很高，水温很低又缺乏食物，因此裸鲤几乎多年不增加一点重量。

藏羚羊的家园

冬日，一群受到保护的藏羚羊正栖息在自己熟悉的家园，享受大自然的安静与美好。随着国家对生态环境的重视，西藏羌塘国家自然保护区的环境明显好转，藏羚羊的数量经过自然的繁衍，开始逐年上涨。

沙漠与戈壁

沙漠降雨量少，昼夜温差极大，复杂的气候环境为这里的生物带来巨大的生存挑战。戈壁属于沙漠的一种，由砾石构成，也叫戈壁滩，意为大范围的沙漠地区。

仙人掌与牧豆树

仙人掌白天气孔关闭以减少蒸腾，夜间开放吸收二氧化碳、释放氧气。由于极力避免水分蒸发，仙人掌最高能长成10米。牧豆树将根大面积地分布在浅表层，以方便第一时间快速吸收降雨。

优秀的储水者们

沙鸡利用胸部的羽毛吸满水分运回巢穴给幼鸟，昆虫和蜥蜴喝露水、收集露珠，梅氏更格卢鼠从食物中获取水分而不额外饮水，戈壁里的骆驼草会在雨季将雨水藏在叶片中。

短暂的聚会

珍贵的降雨有时会给沙漠形成若干个池塘，几天有水的时光里：带着史前甲壳的蝌蚪虾迅速被孵化出来；长眠的蛙类褪去表层的防水膜，出现在地面；黑天鹅与鹈鹕飞来，不想错过这难逢的觅食机会，沙漠难得热闹起来。

独特的野骆驼

野骆驼高而瘦，却在荒漠和干旱地带都能栖息。因为眼部有两排睫毛和双重眼睑，所以它在飞沙走石的环境中依然能够保持非常清晰的视力。同时，它的鼻孔中有瓣膜，能够防止风沙灌入；耳朵小而圆，内有细毛遮蔽风沙。

高身价的裸果木

裸果木很不引人注意，高度只有20至80厘米，叶子小得可怜，即使开出白色的花片也没有花瓣。即便这样，它却因耐寒耐贫瘠的特质而成为石质荒漠植被的高价值树种之一，早已被列为国家一级重点保护植物。

顽强的沙鸡

在沙漠中的绿洲区域生存着生命力极强的沙鸡，这种鸟类共有16个种类，全都分布在沙漠环境中。它们能够飞出离巢穴相当远的距离去采食各种植物的种子，依靠与沙漠颜色类似的斑驳羽毛躲避危险，还能利用羽毛来储存水分，非常聪明。

最后的守望者

寸草不生的茫茫戈壁滩，你会本能地为屹立在那里的一棵胡杨而心生敬畏，它不畏风沙、不怯盐碱，倔强地扎根于沙漠戈壁之中，成为荒漠和沙地上无树可比的树种，好像戈壁滩上最后的守望者。

湿地与沼泽

湿地指的是水深低于3米的低地、含水较高的草甸及海潮低落时不高于6米的沿海区域。而沼泽是湿地环境的主要状态之一。目前中国湿地面积位居亚洲第一，世界第四，让我们一起感受一下中国六个经典湿地之美。

若尔盖湿地

四川若尔盖湿地位于青藏高原东部，气候寒湿，生态系统结构非常完整，生物也具有多样化，当地特有物种较多，是世界高山带中物种种类最丰富的地区之一。

巴音布鲁克湿地

巴音布鲁克湿地地处天山山脉的盆地之中，周边由雪山围合，那里数量丰富的天鹅为湿地增加了独特的魅力。同时，山脉上融化的冰雪与雨水同时为地下水提供水源，形成了数量较多的沼泽地与湖泊。

三江平原湿地

三江平原湿地是由三江即松花江、黑龙江和乌苏里江的河流汇集而成，由于纵横交错的地形结构而形成特殊的多彩景观，是全球罕见的淡沼泽湿地之一。

黄河三角洲湿地

黄河三角洲湿地位于山东省东北部地区的渤海之滨，有近300种鸟类在此繁衍、觅食，是鸟种类最多的栖息地，堪称鸟类的天堂。这里因充足的水源而保证了植被的丰富性，加上特殊的地理位置，使它形成暖温带保存最广阔且最完善的湿地生态系统。

扎龙湿地

扎龙湿地中心位置在齐齐哈尔的扎龙乡，是我国最大的以鹤类水禽为主的珍稀鸟类湿地自然保护区，也是北方同纬度地区中，古老物种保留最完整的地区，是天然的物种库和跨国飞鸟飞行的驿站。

辽河三角洲湿地

辽河三角洲湿地地处辽河与大辽河入海口交汇处，区域内建成了全国最大的湿地自然保护区，那里茂密的芦苇荡让人震撼，大量的水鸟及稀有动物栖息其中，成为东亚和澳大利亚鸟类迁徙之路上的必经驿站。

极地生命

地球的两端是南极和北极，两极极端的气候对那里的动植物而言，既有机遇又有挑战。在看似无法生存的环境中，极地的一些生命以自己的智慧和能量，活出了生命本来的勃勃生机。

北极飞舞的昆虫

北极有世界上个头最大的无菌蚊子，有只有2毫米长的墨蚊，有忙着授粉的北极大黄蜂和专以吸血昆虫为食的蜻蛉，连从很远的地方飞来的蝴蝶也过来采食大量的花蜜。

北极生长的植物

北极短暂的夏季有了宝贵的光照时间，开始给一些植物带来生长机会。鲜绿色的泥炭藓开始冒出，沼泽棉也露出了头，这些都是驯鹿的最爱。而北极柳树已经生有柳絮，紫色虎耳草则早早就开了花。

北极生活的动物

北极最大的陆生动物麝牛依靠蓬松的皮毛抵御寒冷；10余种不同的旅鼠在积雪之下繁衍后代；雪雁不远万里飞来这里筑巢繁衍；北极的主宰者北极熊不怕寒冷，常常忍着饥饿嗅着鞍纹海豹的味道觅食。

冰雪主人帝企鹅

帝企鹅是南极非常重要的一种物种，是所有南极企鹅中个头最大的一种，是南极这块冰雪之地真正的主人，是唯一本土的鸟类。在极端条件下，它们以双脚为“巢”孵化后代。而孵化出的幼鹅需要吃雪熬过100天的寒冷，直到春天的到来。

韦德尔氏海豹

韦德尔氏海豹主要生活在南极周围，能潜入600米深的海水中寻找鱼类及甲壳类动物作为食物。为防止洞口冻结，它需要不间断地打破洞口的冰层以方便呼吸。残酷的寒冬，不是所有的海豹都能挺住，活过来真是侥幸。

南极磷虾

春夏之季，南极的磷虾以滤食浮游的藻类为生，而到了秋冬季，它们又聪明地潜入海底，采食这些死亡的藻类残骸。无数的磷虾成为南极鱼类、企鹅、海豹及须鲸等几乎所有生物的美食，被誉为“世界未来的食品库”。

冰点之下的鳕鱼

有一种鱼类叫南极鳕鱼，它的血液中有一种特殊的防冻成分，可以让它在冰点之下的海水中游动。它顽强地生活在南极海洋冰冷的海床上，以小鱼和各种残骸沉积物为食。

驯鹿迁徙

驯鹿是地球上迁徙路线最长的动物，每到一年的春季，数千头驯鹿如同奔腾的河流，翻滚着翻过白茫茫的雪原，形成地球上一道奇特的景观。

外来物种

外来物种是指那些出现在其自然分布范围以外的物种，所谓“外来”是根据生态系统进行定义的，比如巴西龟、清道夫、福寿螺等，它们作为外来物种都会破坏所在地的生态平衡。

“外来客”如何“偷渡”

外来物种传播有3种途径：自然传播、有意引入、无意引入。无意引入目前是物种入侵的主要途径，是人类在活动中无意识将物种带入另外的生态系统中的事件，如跨国旅游。自然传播相对规模较小。有意引入在监管不利的国家成为主要入侵途径。

有效控制“偷渡客”

在外来入侵物种名单中，已有70多种对我国自然生态系统造成了一定程度上的威胁，相关部门已经积极采取可控措施，避免这些物种进一步引发生态安全和生物多样性问题。

小金鱼的真面目

小巧可爱的金鱼其实是可怕的外来物种，它易于繁殖、生命力强，放生后会扰乱栖息地生态，和原生物种竞争生存资源，使其数量大减。此外，金鱼体内的寄生虫还会带来疾病。金鱼的寿命可长达25年，最大可长到40厘米。

本地物种很受伤

外来物种入侵不但会破坏生物多样性，而且还会威胁人体健康，给国家造成经济损失。外来物种抢占本地物种的生态地位之后，会和本地物种争夺阳光、水分、食物，使本地物种大量灭绝，影响生物多样性。

入侵现状

我国外来物种入侵在南部沿海最严重，华北、东北次之，西北最轻。东南沿海由于贸易、人员往来与外部联系紧密，生物入侵概率比较大。西北地区形势虽不严重，但该地区生态脆弱，一旦有入侵，危害会更大。

外来的牛蛙、小龙虾

牛蛙、小龙虾等外来物种也是餐桌上的美味。有些人以为“吃”可以解决一部分外来物种。其实，远不是这么回事。以小龙虾为例，我们餐桌上的小龙虾都是养殖的，而真正产生危害的是野生小龙虾，捕捞只会刺激它们繁殖得更快。

小龙虾，坏得很！

云南红河的哈尼梯田在2013年被列入《世界遗产名录》。当地为提高经济收入，在梯田里引入小龙虾养殖。结果，小龙虾不但破坏水稻幼苗，而且擅长打洞，严重时会使田埂倒塌。

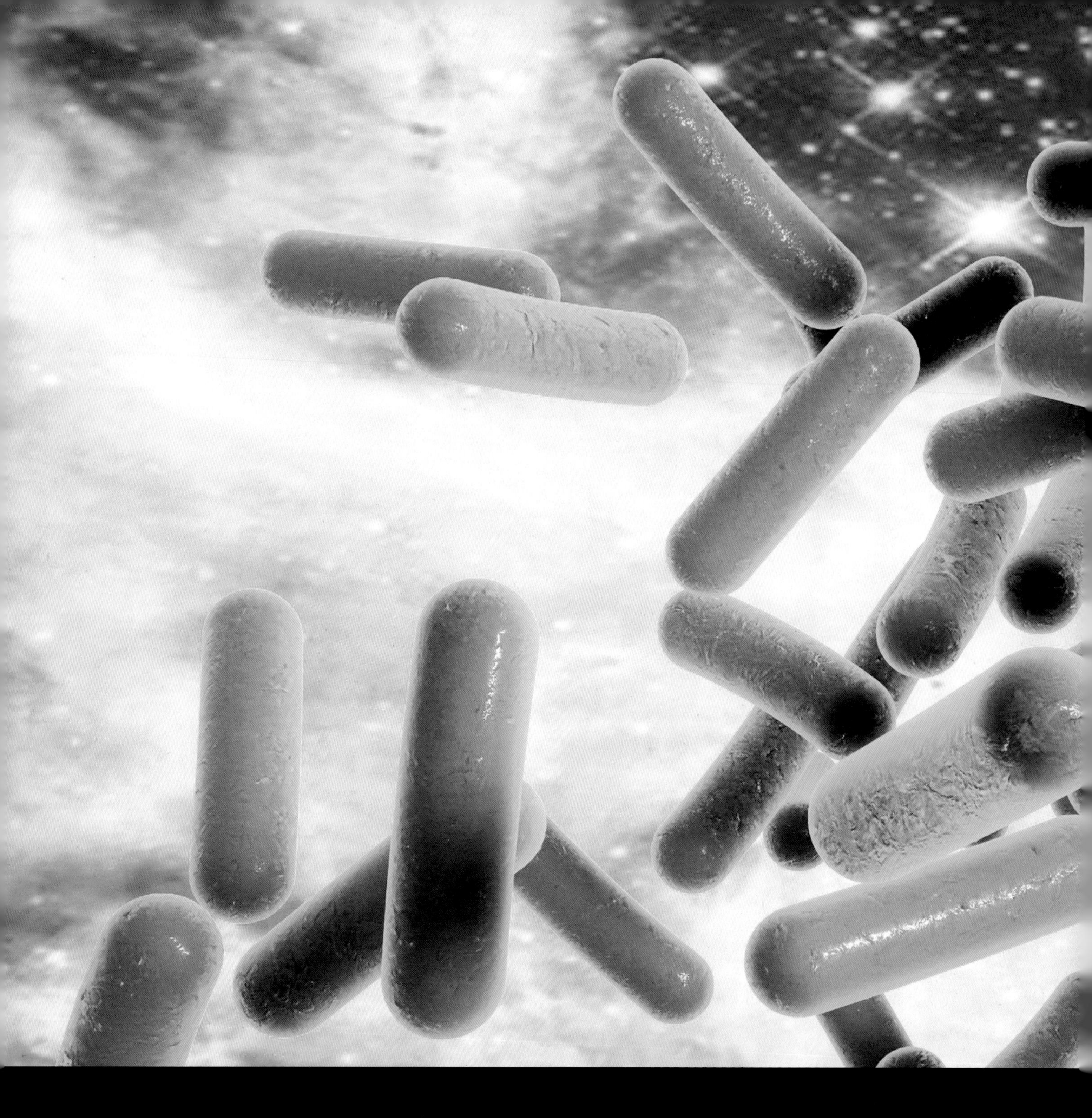

微 生 物

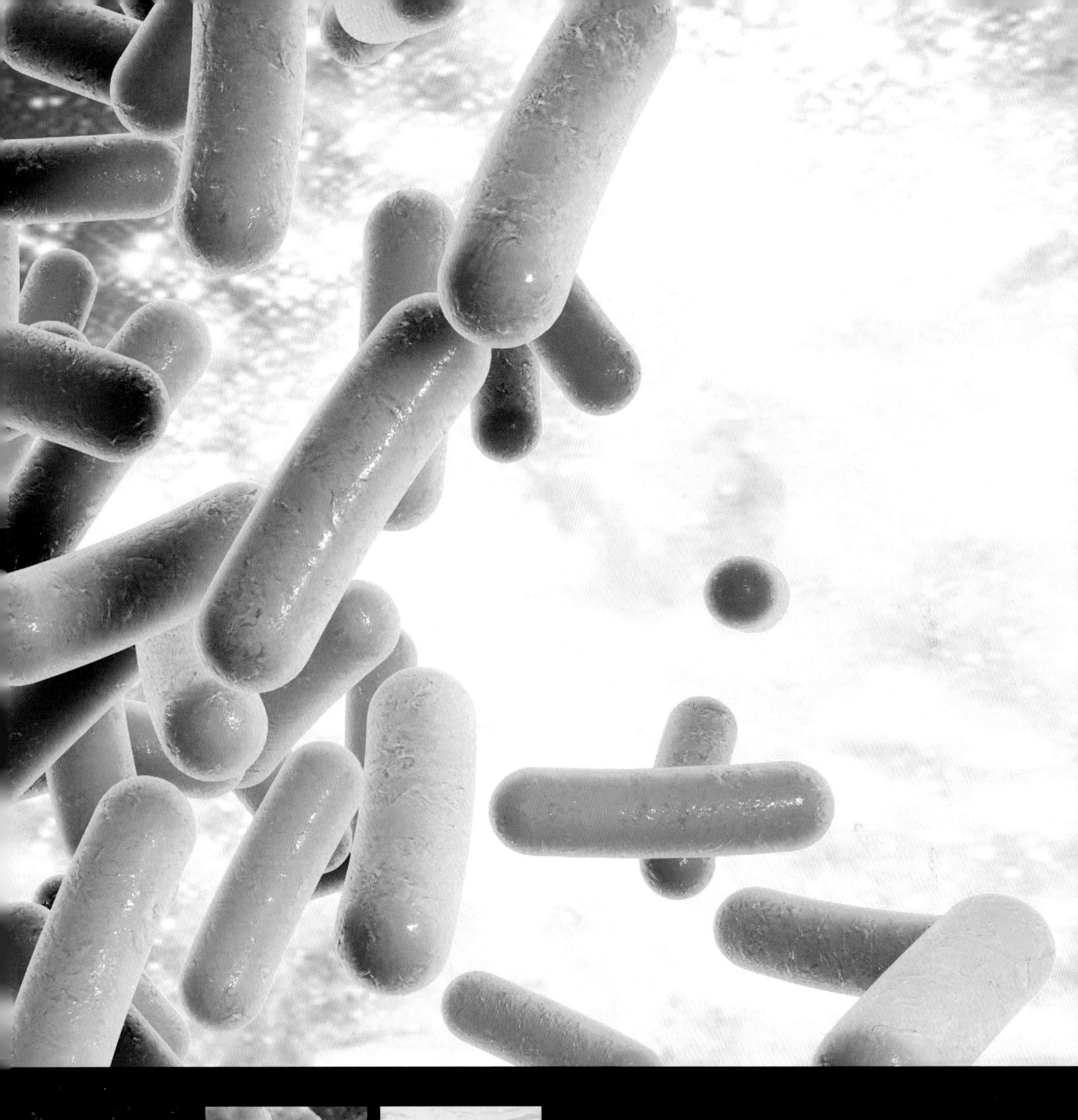

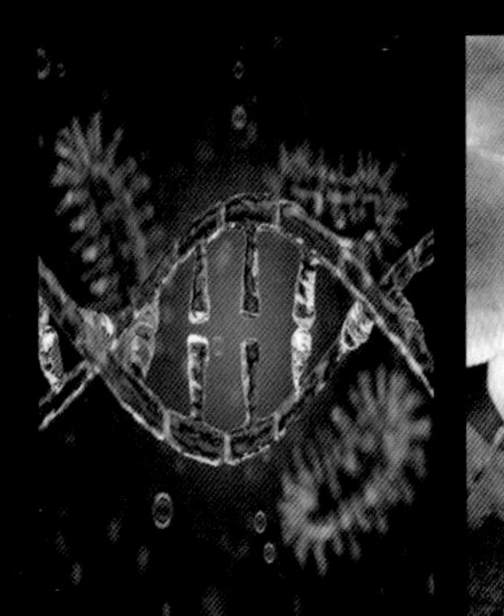

从地球诞生以来，它们是真正意义上的第一批居民。它们以微小的、难以觉察的方式渗透到几乎地球的每个角落，参与到关乎人类活动的各个环节当中。

微观世界

在生物世界中，体形微小的微生物到处都是。数量最大的细菌群体，微小的真菌、更加微小的病毒以及几千种微小的动物、植物等小得惊人的家族成员，构成了一个丰富多元的微观世界。

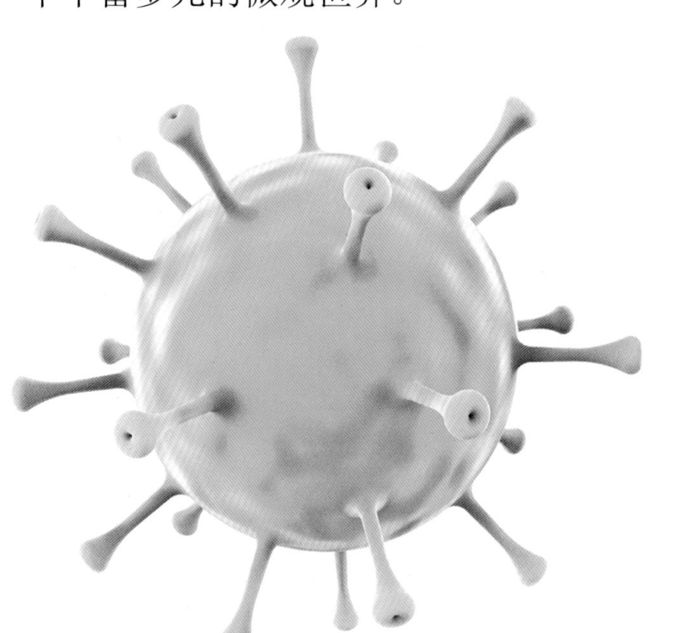

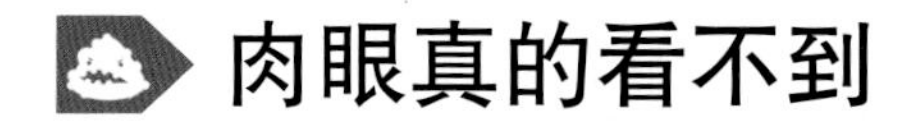

肉眼真的看不到

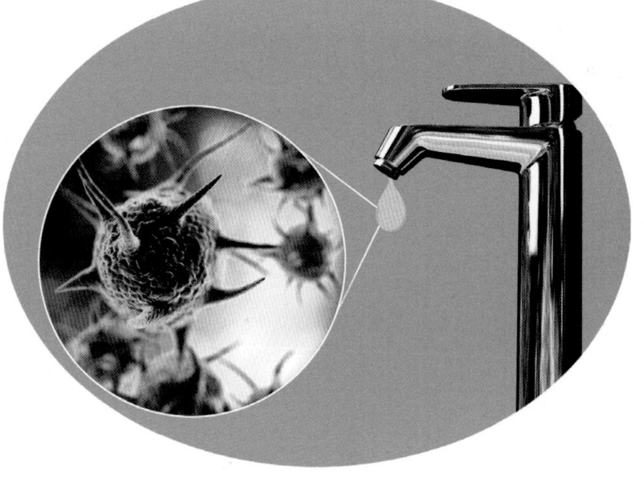

人类肉眼可见事物的直径约为0.1毫米，这对于那些粉尘般大小，需要显微镜下放大几千倍方可见的微生物来说，已经大了太多。目前所知，有一类最小的病毒，直径仅有20纳米，而最小的细菌的直径约为1微米。

海陆空无处不在

微生物可以悬浮在8万米的高空，也可以深入1万米的海底；它们生长于一切动、植物的体表或体内；它们在土壤、河流、高山、冰川、盐湖、沙漠、地壳表层等广泛分布。

越潮湿越活跃

相比于其他大型动物，微生物有着超高的繁衍生存能力。它们最喜欢在水中或阴暗潮湿的地方，尤其在埋有动植物尸体的泥土环境中安居。它们在这些大型生物体的体表、体内、皮肤、嘴巴和牙齿中吸收水分，然后以惊人的速度繁衍。

微生物

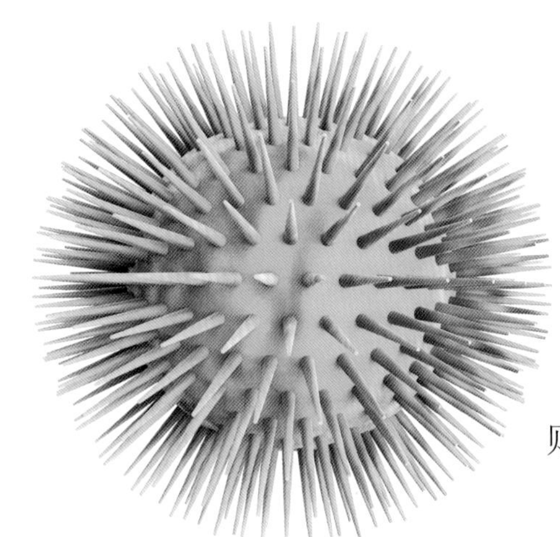

奇形怪状的家伙们

微生物形态复杂多样，比如细菌，有2个、4个甚至8个叠加在一起的球形状；有螺旋状或杆状；有细长的或者多边的，部分的还带有鞭毛或长柄。在病毒中，最常见的是有规则地排列而成的多面球体形。

超越极限的挑战

很多微生物能在堪称极端的环境中得以存活。比如嗜热菌，它可以在90℃至110℃的高温环境下生存；嗜盐菌，可以在足够高的食盐浓度下生长；嗜压菌，是需要在1万米以下的高静水压环境中生活的细菌。

以休眠方式避难

为了确保自己以生命体的方式继续存活，很多微生物在对抗干燥、寒冷及高温等不利环境时，会选择以休眠方式度过数月的艰难期。有的可以保持睡眠状态10年以上，而有些细菌生成的孢子甚至保持休眠状态几百万年。

发现微生物

荷兰人列文虎克喜欢自制凹、凸透镜观察周边世界。有一天，他用自制的可放大200倍的显微镜观察干草浸剂，偶然发现有虫子状的东西在蠕动。随后，他把这一人类从未有的发现公布于众，并把这些蠕动的虫子称作“微生物”。

细菌与病毒

细菌和病毒以各自不同的形态结构和生存方式来获得有效的生存和繁衍。细菌可以依靠自己完整的细胞结构合成能量，而病毒则需要寻找活的细胞作为宿主，才能进行生命活动。

最古老的生物

细菌是由一个单细胞组成的极其微小但是在自然界分布最广、个体数量最多、存在时间最长的一种生物。它一般以圆球状居多，由细胞壁、细胞膜、细胞质和核质体等部分构成，有些个体还附有鞭毛、菌毛、纤毛及荚膜等结构。

各有各的活法

大部分的细菌需要从动物尸体或者人与其他生物残留的食物残渣当中摄取各类矿物质成分来存活；有些可以直接通过阳光获得能量；有些需要依附于岩石贝壳之上，以汲取其中的化学物质获得生存能量。

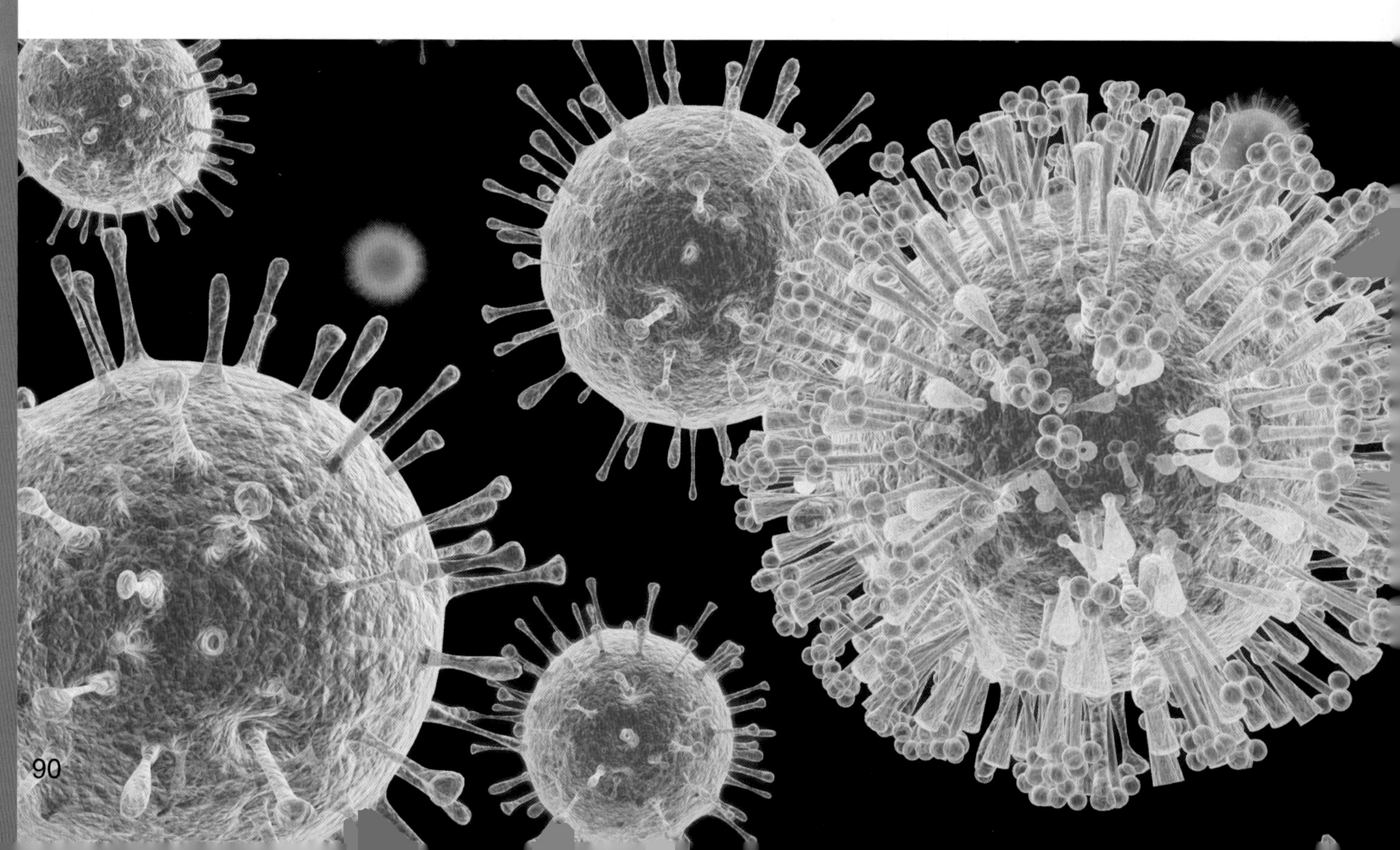

族群揭秘

细菌因形状不同，可分为球菌、杆菌和螺旋菌3类；因生存方式不同，可分为自养菌和异养菌2类；按对氧气的需求，又可分为需氧和厌氧2类；按适宜温度不同，还可分为喜冷、常温和喜高温3类。

疯狂的传播

病毒内部只是基因的组合，但是病毒会将其基因植入动物或植物细胞，彻底控制被植入的细胞。最终，细胞病毒膨胀破裂而形成新的病毒，并借其他外在载体的叮咬、碰触或者体液接触等方式，进行进一步传播。

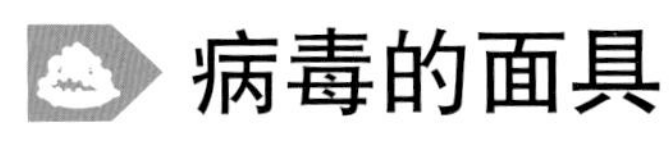

病毒的面具

病毒是一类不具备细胞结构，但具有生命特征且具有寄生、复制等特性的最小微生物，它由一套精密的化学成分组成，本身不需要进食，也无法完成繁殖，完全依赖活的宿主获取所需的物质和能量。

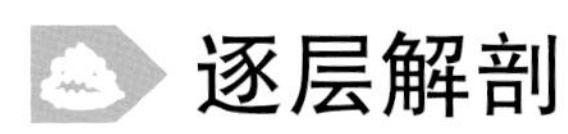

逐层解剖

病毒没有细胞结构，严格上只能称作病毒粒子，主要由核酸和蛋白质外壳组成。核酸处在最中心的位置，被称为核心或基因组。蛋白质将核心包围，成为保护核酸的衣壳，也构成了病毒粒子的主要支架结构。

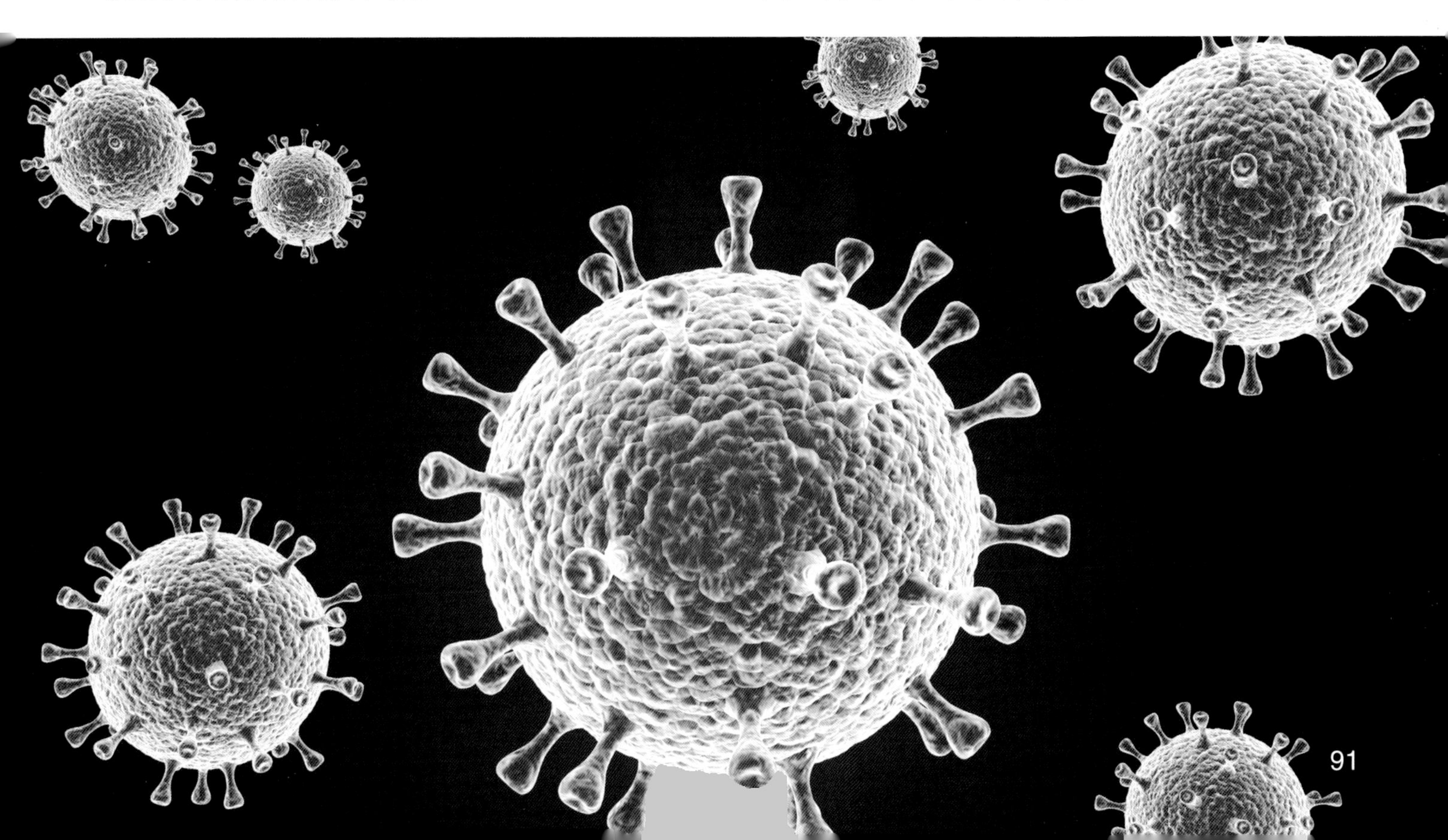

细菌与人体

数量庞大的细菌遍布人体各个组织、器官当中。有微生物专家表示，细菌的数量占到人体所有活细胞的90%。而在一个正常的人体当中，有500至1000种不同种类的细菌。

奇妙的共生关系

大量的研究表明，微生物中的很多细菌以有益菌和有害菌互相制衡的方式分布于人体当中。只有在这个状态被打破时，才会出现各类疾病症状。美国生物学家认为，这些有益细菌虽然不属于人体，却相伴我们一生。

最易存活的部位

消化道内有协助人体分解食物、促进维生素吸收的大肠杆菌等多种细菌；呼吸道内的细菌日常在黏膜表面生存，有随时致病的可能性；皮肤表面在与外界接触中，会因偶然破损而感染环境中的各类细菌。

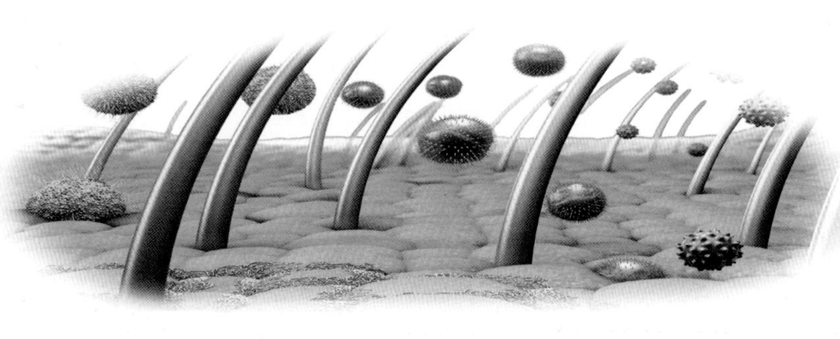

刚入托的孩子最脆弱

刚刚入托的3岁左右的孩子常常出现发烧、咳嗽等症状，这是因为作息、饮食与活动方式被打破，于是菌群的平衡状态也被打破，最为薄弱的身体部位就会开始因为细菌的活跃而出现不同症状和程度的疾病反应。

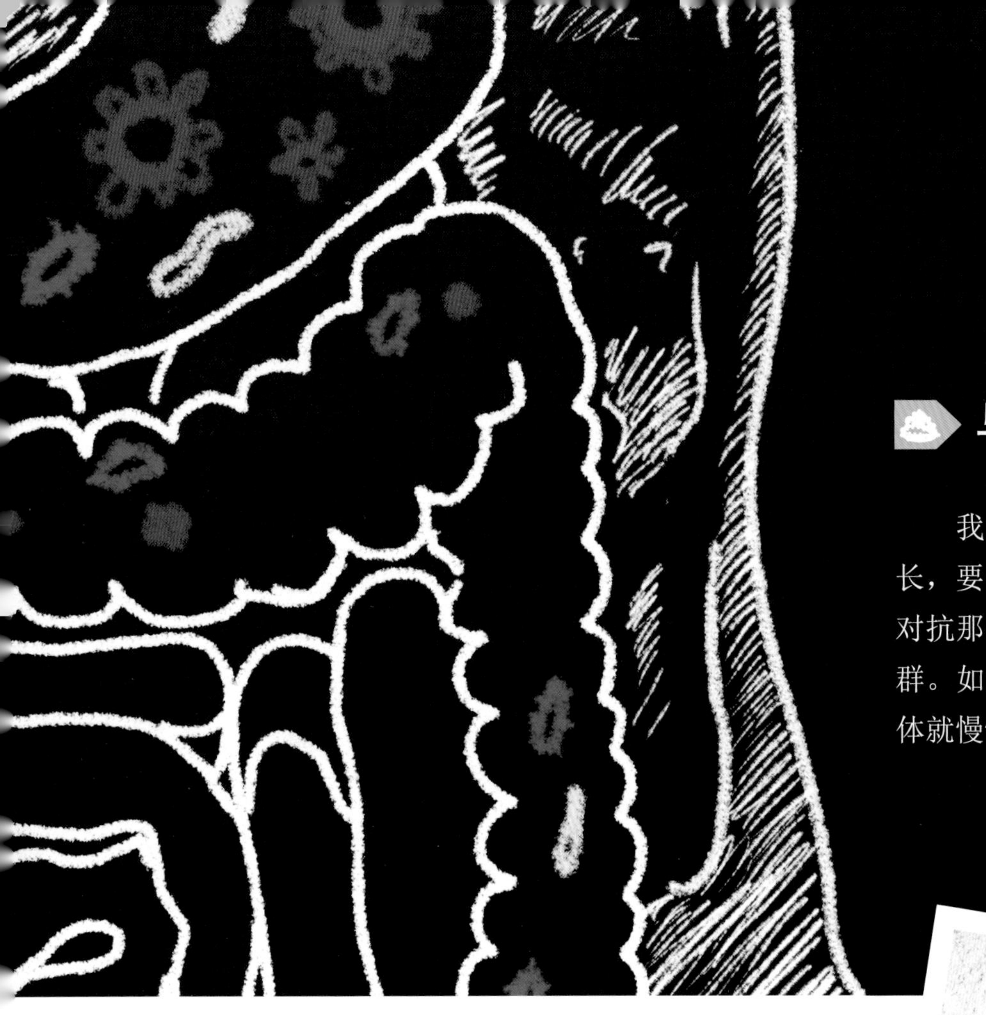

与菌共舞

我们在无法避免的细菌环境中成长，要学会充分利用自身的免疫系统去对抗那些引起感染和过敏反应的有害菌群。如果让身体有机会去接触它们，人体就慢慢具备自主识别和抗击能力了。

真正的无菌体

生命之初的胎儿称得上真正无菌的个体，但是从他出生时经过产道的挤压开始，母亲体内的共生细菌就会随之传播到新生儿身上，并开始繁殖。

促进益菌因子增殖的食物

促进益菌因子增殖的食物有：带皮的果蔬，原味燕麦片，豆类，绿茶、红茶，坚果和没有加糖的水果干，深色水果榨成的汁，全谷发酵酸面包，深色巧克力和可可粉，红葡萄酒，香草和香料，大蒜和芥末。

危险的占位

谈到“癌”字，人人心惊胆战，因为它直接威胁人的生命。后来医生就发明了“占位”一词来取代“癌”“肿瘤”这样的可怕字眼，用“占位”表示身体里长了一个东西，它占据了正常组织的位置，这样就缓解了患者恐慌。

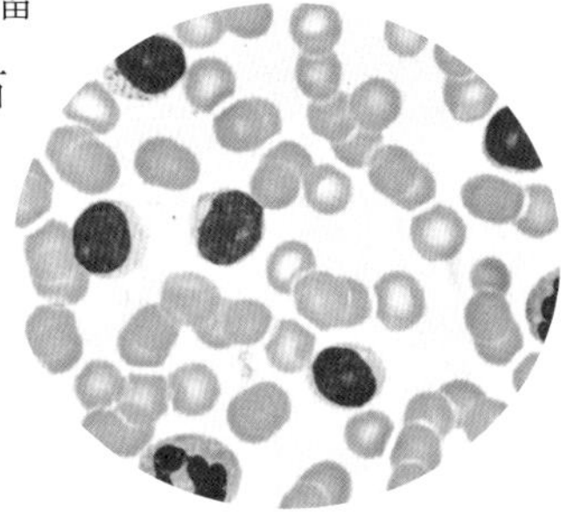

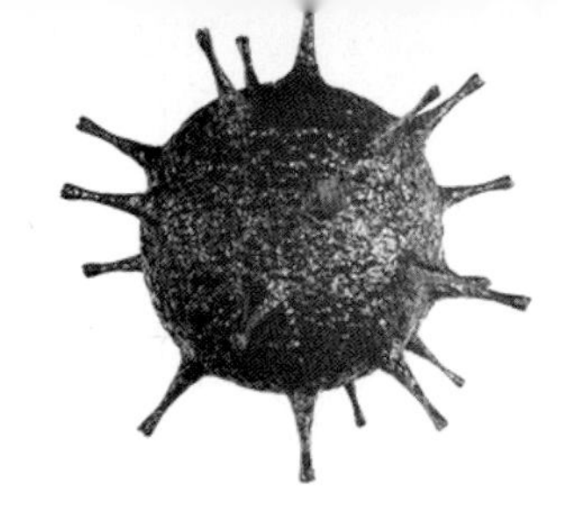

传染病

传染病是一类由各种病原体引起的在人与人、人与动物或动物与动物之间交叉传播的疾病。而引起疾病的病原体中，除少部分的寄生虫外，绝大部分都是微生物中的细胞或病毒。

人类灾难的罪魁祸首

一万年前的天花曾感染了古代世界的六成人群，最终1/4的人死去；靠蚊子传播的疟疾成为辉煌罗马帝国走向毁灭的原因之一；鼠疫早期又称黑死病，它让当时2500万人口的欧洲人数迅速减半，也成为毁灭中国明王朝的急先锋。

西班牙大流感

1918年的西班牙大流感是人类历史上最致命的感染病，当时全世界人口约17亿，此次大流感直接造成全世界10亿人感染，至少死亡2500万人。

病毒性肝炎

病毒性肝炎是我国的传染病之首，即使肝炎患者排出的粪便，也可能在卫生处理过程中造成他人感染。肝炎病毒主要有甲、乙、丙、丁、戊型5种病毒，各种病毒都有各自的传播倾向。

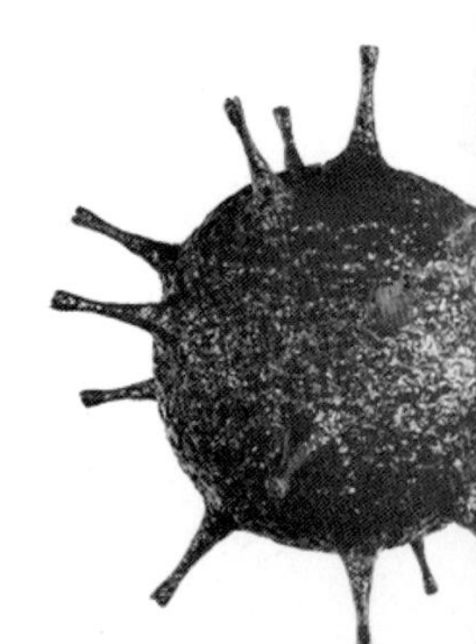

致命杀手锏

病菌传染的主要手段：一个是产生不同种类的酶溶解到寄主的细胞中，另一个是施放内、外毒素对机体进行毒害。

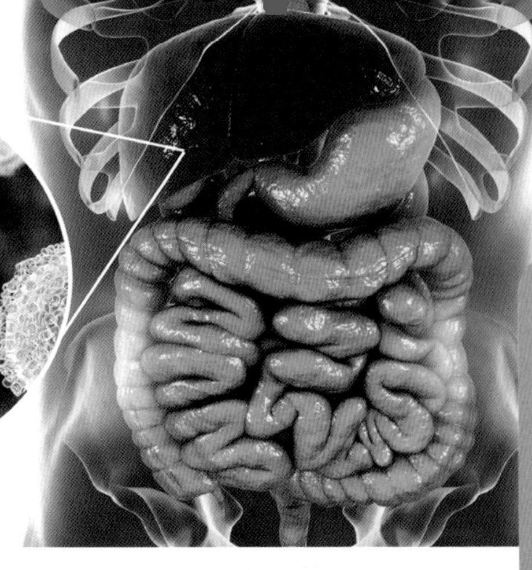

兵分三路侵入

第一，口。被污染的洁具、食品等滋生的细菌可以从口腔侵入。第二，鼻。通过呼吸道传染非常常见。第三，创伤感染。蚊虫的叮咬、意外的擦伤及静脉注射或输血等，都会让病菌通过血液、体液的循环而侵入全身。

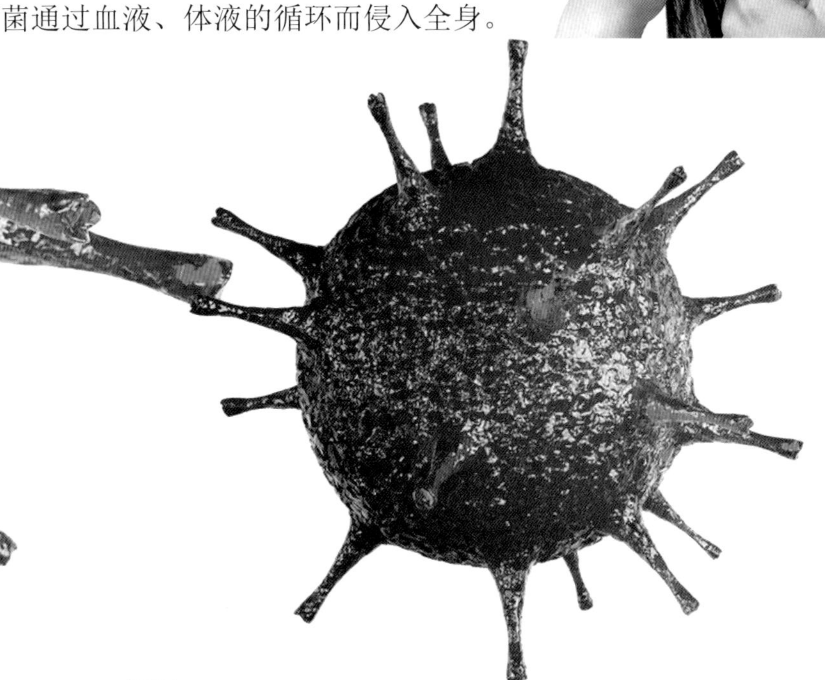

预防最关键

要养成饭前便后洗手的习惯；要杜绝不健康不明来历食品的诱惑；要保持好与他人沟通的安全距离；不能随地吐痰，并要远离类似垃圾场所；最主要的是要养成积极锻炼身体的习惯，提升自身免疫力。

过敏反应

我们每个人的身体都有自己的免疫系统，它们如同我们的保镖保护我们不受有害物质的侵扰。但是有些保镖比较粗暴，一旦认为来自外界的空气、花粉或者水源等各种物质有危险，就会出现反应，形成所谓的过敏反应。

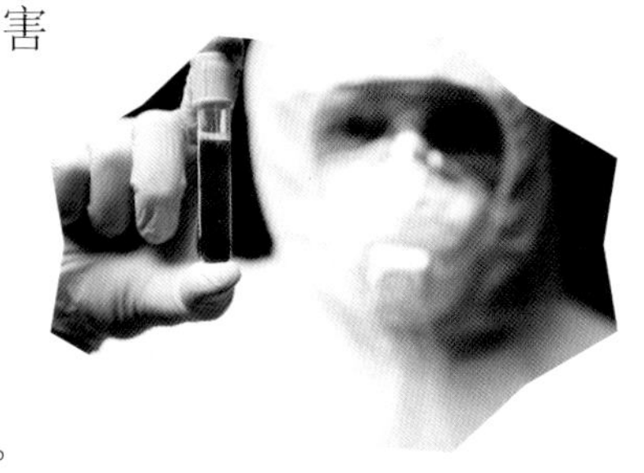

食用真菌

食用真菌是一种可供人类食用的大型真菌，无论餐桌上还是药用上，各种不同种类的食用真菌为我们的营养和健康做出了不可忽略的贡献。

可以吃的菌

食用真菌早在两三千年之前就被我们的祖先作为美味珍品来食用了。在我国确定的几百种食用真菌中，最常见的有白蘑菇、草菇、香菇、平菇、金针菇、黑木耳、凤尾菇、羊肚菌、牛肝菌、竹荪及松口蘑等多种 。

超级营养力

品类丰富的食用真菌含有丰富的蛋白质、脂肪、糖、维生素及矿物质等营养成分，有些品种所含成分对动植物的毒性还可起到免疫或抑制作用，可以有效控制肿瘤的发展，还能降低胆固醇，防止便秘。

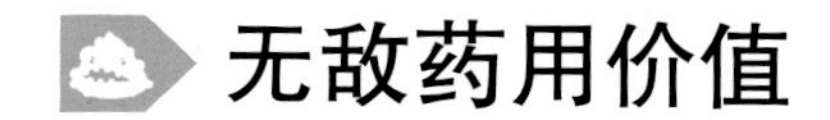

无敌药用价值

食用真菌中所含的多糖体，能降低某些物质诱发肿瘤的概率，并辅助提升部分化疗药物的药性。同时，其中所含的有机硒甚至可以防止一切癌变。此外，对于抗菌、抗病毒、降血压、降血脂、抗血栓及健胃平喘等均有显著作用。

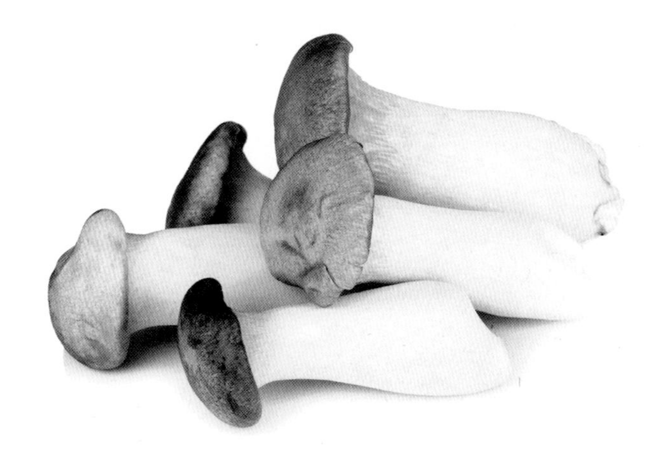

吃菌的禁忌

食用真菌有营养，但是也要在食用时因人而异地摄取。比如木耳和田螺同时食用会造成消化不良，和萝卜同食容易引起皮炎；食用香菇对患有顽固性皮肤瘙痒症的人不利；金针菇偏寒，腹泻者不适合食用，也不能和驴肉同食；等等。

从自然到人工

食用真菌最初野生在山林野外，上端呈伞状，下面则是密密麻麻的生有褶皱的薄膜，那里长着能繁殖后代的担孢子，可以随风安家。如今我们可以通过它的习性特征，大量人工栽培了。

不可复制

很多野山中生长的可食用真菌如羊肚菌、松茸、牛肝菌等这类地生菌类，往往在生长时是与树木的根部形成了共生的菌根，无法独立存活，也无法移植。如果人为制造类似的生长环境则难度和成本极大，因此无法大量人工栽培。

野生毒菌

野生毒菌色泽明显艳丽，形状也较特殊，所含气味也明显异样。一般有毒的菌盖中央有凸起，菌盖和菌柄处分布着斑点，菌褶处有黏稠感并伴有疙瘩状或红斑，切开后的横截面切口为黑色，闻起来酸臭、辛辣。

致幻蘑菇

顾名思义，致幻蘑菇食用后会让人产生幻觉，因为这些蘑菇含有神经毒素，严重时可致残，甚至致命。

藻　类

藻类是生活在陆地水系当中的一种绿色微小植物，它很不起眼，但是随处可见。大部分的藻类需要阳光才能存活，它是很多动物极为依赖的食物。

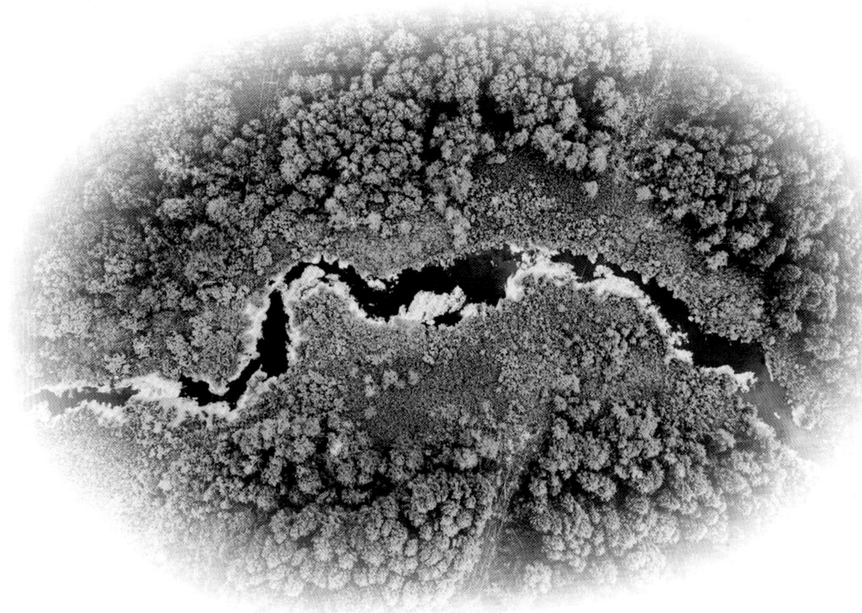

组团让水变绿

藻类属于原生生物，一般都只有一个细胞，但是它们经常组团出现，早在真正意义上的植物诞生之前，就开始盘踞在江河湖泊当中，甚至人类院落中的器皿也被其统统占据。仔细观察，那些水面上绿绿的集结成片的，就是藻类的存在。

春光中的繁衍

藻类一般会分裂为两半来进行繁衍。春天的最佳光照为它提供了分裂的好时机，有些形体过大而分裂困难的藻类索性通过自身的孢子来繁殖，那些个头极小的孢子如种子一般随着水流或空气流动而传播到更远的地方去繁衍。

游向富饶的远方

大多数藻类一般漂浮在水中或以其一部分附着在水底的基质上。大部分的藻类通过滑动外部的纤毛来保证前行，它可以确保藻类向阳光最为丰富的地方漂流。陆生藻类则分布于阴湿土壤、树皮和峭壁上。

水质的污染

藻类虽然低等简单，但是因为具有叶绿素，能够利用光合作用而自我生养。正是这种顽强特性，决定了藻类对水质的污染极大，严重影响着人类的饮用水健康和其他生物的繁殖健康。

盒中生活

多数藻类有自己的细胞壁作为基本保护层，但一种称作硅藻的藻类还为自己打造了一个盒子作为更加安全的保护装置。盒子的原材料从硅石中提取，然后合成盒子，盒子的一半紧贴着另一半，如同一个微缩版的饭盒。

族中异类

不是所有的藻类都是微生物，比如一些海藻看起来正如没有根部或者叶子的植物。这样的海藻最短的有几厘米长，最长的则有几米长，有记录最长的一个海藻居然有268米之高，让人叹为观止。

植物王国

植物通过自身的成长，为人类产生了必要的氧气、淀粉和果糖，还能为生态平衡、温度调节、环境美化等发挥作用，是人类的好朋友，更是自然生物家族的重要成员。

植物之最

植物种类五花八门，生长习性、分布环境等因素的不同，使得它们有的成为最高、最轻、最长寿、最稀有等特殊或唯一的类别。

独树也可成林

榕树由较多的气生根支撑生长，气生根最多可达上千根，于是，一棵榕树就会轻松地独自成长为面积可达五亩（1亩合666.7平方米）的庞大林区，比如在福建省的福州森林公园，就有一棵占地超10亩的古榕树，有“榕树王”之称。

最大的花

大王花是苏门答腊和婆罗洲热带雨林里特有的一种花卉，这种花没有茎和叶，直径约1米，重达7.5千克，各片花瓣厚约1.4厘米，真是名副其实的花大王。

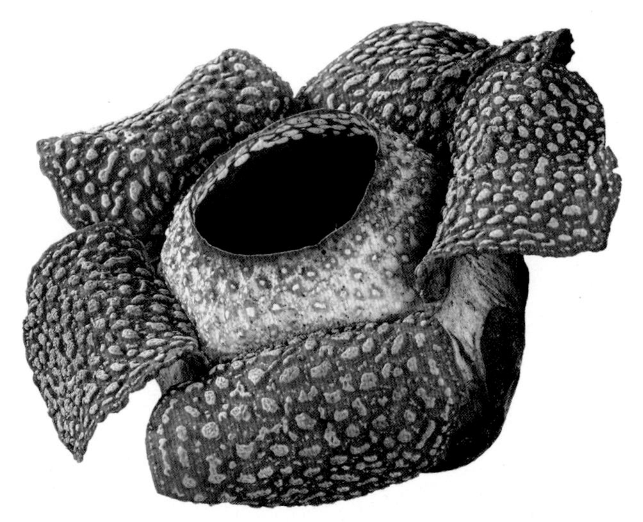

树巨人

在澳大利亚，有一种轻松可以长到100米高的树——杏仁桉。因其吸水量惊人，有“抽水机”之称，因此澳大利亚便通过广泛种植它来减少沼泽水分，如此成功阻止了蚊虫叮咬所造成的疟疾的发生。有趣的是，这么高大的树，其种子却小到1厘米的1/20那么大。

千年的种子

可以历经千年仍然能够发芽的，只有古莲的种子可以做到。1955年夏天，北京植物园内，一颗沉睡千年的古莲子被人工催醒并成功生根、发芽。

独叶草

1914年，在中国云南的高山上发现了一种特殊的草——独叶草。它只有一朵淡绿色的花和一片5个裂片的偏圆形叶子。独叶草一般只有10厘米高，生长环境也较为隐蔽，因此显得极为孤单。

最稀有的树

有一种树，它只生长在中国的普陀山，曾经只剩下唯一一棵，它就是普陀鹅耳枥。1930年5月，植物学家钟观光在普陀山首次发现这一树种，目前唯有这棵有14米高，成为普陀山的一张名片。

最长的藤

白藤喜欢攀缘其他高大的植物生长，尽管又细又瘦，但只要叶子和茎上的钩刺碰到可攀缘的高树，就不断地向上攀爬，即使到了顶部无路可攀，还可以以“回”形方式继续生长，只要够努力，身长达到500米是可以做到的。

植物略说

不是所有的植物都有种子、花朵或果实，但是各植物总是具有植物的部分基本生命要素，我们在走进植物世界之前，先大概了解一下植物的基本生命要素。

根

根由不同功能的几个部分组成，是确保植物花繁叶茂、硕果累累的根本保障。一棵高大的植物意味着它具有更为向水和向营养区域深入的根系。植物正是有了根，才确保了生命的存在。

茎

无论是高大的树木，还是低矮的小草，它们都有茎的存在。这些长的、短的、弯的、直的等不同形状的茎，可以及时把根所吸收到的水和无机盐输送到植物的“加工厂”去进行加工。

叶

不同的植物有不同的叶，千姿百态的叶为植物的光合作用提供了特定的加工厂。它们在完成自我成长的同时，也为地球其他生物提供了必要的氧气，并吸收了大量的二氧化碳，对自然界的生态平衡发挥着重要作用。

花

一朵绽开的花，意味着一棵植物生长成熟。花的颜色和形状丰富多彩，不同的花气味也不尽相同。它们有些装饰着大自然，有些点缀着人类生活空间，还有些可以被食用或提取制作香料、精油。

果

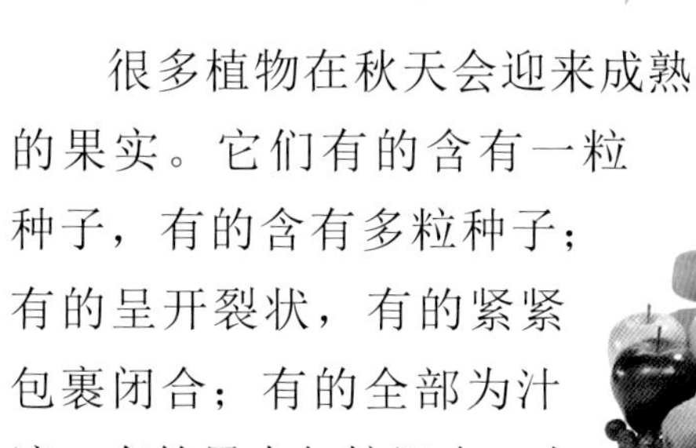

很多植物在秋天会迎来成熟的果实。它们有的含有一粒种子，有的含有多粒种子；有的呈开裂状，有的紧紧包裹闭合；有的全部为汁液，有的果肉与核混合；有的个头很大，有的极其微小。

种子

种子是植物的繁殖器官，有合适的条件就会萌发新的生命。植物的种子形状差别很大，形态、结构、颜色和质量各有特色。种子萌发就形成了根，根的胚芽伸出土层就形成了茎、叶，慢慢长出了幼苗。

藻类与地衣

藻类属于低等植物，但是种类很多，个体也相差较大，最小的需要显微镜辅助方可看见，而最大的巨藻则可达三百米高，堪称藻类之冠；在海拔较高的岩石上，有黄绿色、褐色等多种颜色鲜明的斑块，这就是地衣，它也有好多种类。

氧气生产者

藻类组织细胞中含叶绿素，可以通过光合作用产生氧气。有专家认为，地球早期形成高级生物，正是由于海洋中的大量藻类通过光合作用形成了足够多的氧气。

增营养调口感

我们日常食用的紫菜、海带等就是藻类植物，营养价值很高。此外，藻类植物所含有的藻胶被提取后，还可以用于食品、化妆品、医药等，比如会改善甜点、果冻、酸奶等食品的黏稠度和口感。

婀娜多姿

地衣附着在生长的基面上会呈现出不同的姿态，有些种类与生长基面过于紧实，好似一个壳子；有些松散多叉的，则如绽放在地面上的好多朵梅花；还有些附在树皮上，也真的长成了树枝状地衣。

植物拓荒者

地衣附着在岩石表面，通过所分泌的地衣酸成分腐蚀岩石表面，造成岩石层的破碎，外加自然风化，就形成了植物生长所必需的条件之一——土壤层。因此，地衣有“植物拓荒者”的美誉。目前，大约有15种被经常用来食用的地衣，如皮果衣、老龙皮、石耳、长松萝等。其中石耳最为著名，只产在中、日两个国家。

超强生存力

藻类适应力很强，因此在江河湖泊，热带、两极，高山、温泉包括屋顶、墙壁、树皮等处，均有分布，生存力强大。

菌藻联合体

并非任何真菌和藻类都可以任意组合，但是地衣的确是一种真菌与藻类的组合。真菌负责水分和营养的吸收，而藻类用所含的叶绿素进行光合作用产生营养，形成生产和吸收的联合体。

苔藓植物

苔藓属于小型绿色植物，是植物王国的演化过程中，第一个从水中过渡到陆地上的植物类型。

最低等的高等植物

苔藓结构非常简单，不像其他陆上植物那样有真正的根和纤管束，但是它一般已经呈现出茎和叶的形态，并且有单或多细胞构成的假根，也起着吸收水分和附着生长面的基本作用，可以说是最低等的高等植物。

半阴为佳

苔藓的生长有自己的要求，它喜欢潮湿，但是还不能没有光照，若光照过多也无法正常生长。于是，那些阴湿处的石头表面和树皮、瓦片及院落半深处环境，就有它的身影。

四海为家

无论热带、温带还是寒冷地区，苔藓都不挑剔，只要那里具有合适的散光条件，温度在22℃至25℃及其以上，它就会健康生长。

创造土壤

和地衣一样，苔藓植物也能通过分泌酸性物质成分来腐蚀岩石面，使其慢慢碎化为若干岩石颗粒，最终将生土熟化为适合高等植物生长的土壤。它由于具有较强的吸水性，还能很好地防止水土流失。

起源未定

目前，针对苔藓植物的起源，有两个主流观点：一个认为其起源于绿藻，因这两种生物体结构及生长、繁衍原理具有相似性；另一个认为其是由裸蕨类植物退化而来，源于同一祖先，目前尚无定论。

有效利用

利用苔藓植物的吸水性和保水性，可将其作为苗木运输和种植时的包裹物与覆盖物。而含有藓类的泥炭，还可以作为植物生长的肥料。当然，它在医药上的价值早已被发现并逐步得到更大程度的利用。

小个子

苔藓植物一般只有几厘米高，最高的纪录也只有30厘米或稍高一点。之所以长不成高个子，是因为它没有真正的根系，吸水和营养获得有限，甚至还需要不发达的叶子来帮忙，而茎部也没法向更高处生长。

高山苔原

高山苔原在高海拔地区，是一种天然形成的区域，那里不适合高大树木的生长，仅有多年生的地衣、苔藓类低矮植物，如同一片片超级大的地毯。

蕨类植物

蕨类植物是泥盆纪时期低地生长的木生植物的总称，最早出现在4亿年前。随着地壳运动，蕨类植物也进行着自己的演化，各个种类涌现出来，是生命力旺盛的植物。

曾经的高个子

蕨类植物在古生代时都是个子高大的木本植物，只是在中生代前灭绝了，之后重新演化至今的，就蜕变为矮个子草本植物了。目前，除仅剩的桫椤还是木本蕨类之外，其他都是草本。

蕨类植物王国

蕨类足迹遍布世界各个角落，共有一万多个种类，主要分布区域是热带和亚热带。中国云南地区，蕨类植物繁茂，品种多达2000种，是名副其实的蕨类植物王国。

从1米到10米

蕨类植物的叶子很像羊的牙齿，刚刚长出来时蜷缩着，慢慢地舒展开来。在温带地区的蕨类植物如蕨菜一般只有1米左右高，而在热带地区的蕨类植物如桫椤，则可以长到10米高，差别很大。

美化空间

蕨类植物形态挺拔优美的，可种植于庭院当中，娇柔嫩绿的可以盆栽于室内，为生活空间的美好起到装饰作用。

超凡价值

至少有上百种蕨类植物可以药用，多种蕨类可以食用，蕨类植物如石松的孢子可以用于火箭、照明弹等制造工业，大部分种类还可以用于生物肥料及禽畜饲料。

九死还魂草

卷柏是一年或多年生的蕨类植物，一般只有十几厘米的高度，但它能在看似完全干枯的状态下，即使有一点点雨水落下，就能起死回生，恢复生机，因此又被称为植物界的九死还魂草。

行走的植物

卷柏在极度干旱时，它的根茎会从土中自行拔出卷为一团，然后随风滚动。当滚动到有水分的地方，它会将根扎入土地，开始二次生长。如果条件不适，它会以同样方式再次出发，被认为是一种可以自行行走的植物。

种子植物

种子植物在植物界是最高等的类群，可以用自己结下的种子去繁殖后代，分为裸子植物和被子植物两种。裸子植物的种子裸露，而被子植物的种子，其外层被果皮包裹着。

有性繁殖鼻祖

裸子植物最早出现在古生代，在分布在地球上的所有植物种类中，它是最早利用自身种子进行有性繁殖的。它的种子很明显，基本都裸露在外，接受大自然的洗礼。

绽放全球

约一亿年前，被子植物超越裸子植物，成为直至今天仍旧分布最广、种类最多的植物。它有真正的花朵，非常明显地有别于其他植物种类。

栋梁之材

在地球的北半球，有超过80%的树木为裸子植物，一些落叶松、冷杉等珍贵林木广泛用于建筑、航船及高级造纸。还有一些裸子植物的种子、花粉、树皮等可以入药、食用，价值极高。

两种繁殖方式

被子植物的繁殖方式分为有性繁殖与无性繁殖两种。前者在其花朵中进行，这是最有可能让植物产生基因变异以适应生长环境的机会。无性繁殖则由植物母体的一部分直接繁衍生成新一代。

越高级越多元

被子植物是植物界最高级的一类。但越是高级，其所包含的种类、形态及大小就越多元。有直立生长的，就有蜿蜒曲折的；有自制养料的，就有附生、腐生甚至食肉的；有异花传粉的，就有自花传粉的。

海椰子的果实

海椰子也叫复椰子，树木一般可以长到30米高。它的果实是已知植物结出的最大的果实，需要10年才能成熟，全世界每年能收获到的种子也只有1000多粒。尽管种子数量很少，但是每粒种子可达15公斤。

种类多，用途广

被子植物有1万多个属，20余万种，从低矮灌木到高大乔木几乎占了植物界的大半，也因此它的用途更广。比如我们人类的食物谷、豆、瓜果及蔬菜，多属于被子植物。此外，被子植物还为建筑、纺织、医药等提供原料。

多肉植物

多肉植物又叫肉质植物或多肉花卉，是一种营养器官生长肥大厚实的高等植物。常见的品种有仙人掌科、长生草属、石莲花属、厚叶草属、景天属、莲花掌属等。目前，南非和墨西哥的独特环境，使它们在那里分布最多。

莲花掌属

莲花掌属多肉多为灌木状植物，其中部分会分茎，叶片生长整齐呈莲花座形。莲花掌属一般开过花后就会枯萎凋零，因此常有人折去花穗。常见的品种有大叶莲花掌、清盛锦、黑法师等。

石莲花属

石莲花属多肉呈莲花座形状，整体会明显高大一些，顶端略尖，多为聚伞状花序，常见的有白牡丹、黑王子、白凤等。

厚叶草属

厚叶草属的多肉叶片较厚，为互生状态，花体形态以莲花座形居多。星美人、蓝黛莲和冬美人，是最为常见的厚叶草属。

景天属

景天属多肉叶片为对生状态居多，有的上面还有纤毛，花色以红、黄和白偏多，花瓣以4至5片常见。马库斯、薄雪万年青、春之奇迹等，都是经典的景天属多肉。

仙人掌科

仙人掌科多肉植物最为常见，它们以生命力顽强著称。它们的茎为扁圆状，叶片不多，常见的有仙人掌、花木兰、银手指等。

长生草属

这类多肉都是矮个子，茎和叶片较为紧凑，厚厚的叶片上长有细小的纤毛，多开红、白或黄色花，以观音莲、紫牡丹较为常见。

花儿朵朵

人们形容花朵的美丽和芳香有很多词汇，但是除了负责芳香和美丽，它们最重要的使命是孕育新的生命。

植物的花朵

植物的花朵实际上是植物进行有性繁殖的器官，娇艳芬芳的花朵上总会招蜂引蝶甚至兽类来传播花粉，以此完成受精过程。

花梗与花托

花梗也叫花柄，上连花朵，下接花茎，多为绿色，不同的植物其长短也不尽相同；花托是花梗顶端呈膨大状的部位，花朵的各部分正是以各自特定的方式排列于花托上，其形状也因植物种类而各有变化。

花萼与花冠

花萼是多个萼片的总称，包在花瓣外层起保护幼小花蕾的作用，以绿色居多；花冠是一朵花所有花瓣的总称，有颜色有味道，吸引蜂蝶传粉。因外形如同王冠，因此称为花冠。

千姿百态

花朵的形状用千姿百态来形容都略显不够，因为在25种被子植物中，就有25万种花的独特之美。有小喇叭似的牵牛花，高脚杯似的水仙花，还有形似飞行的白鹭的白鹭兰花，形似五角星的五星花，等等。

雄蕊群与雌蕊群

一朵花中所有雄蕊的总称，就是雄蕊群，因形态稳定，因此经常以它作为分类依据；雌蕊群是一朵花内所有雌蕊的总称，但是大多数情况下，一朵花一般只有一个雌蕊。

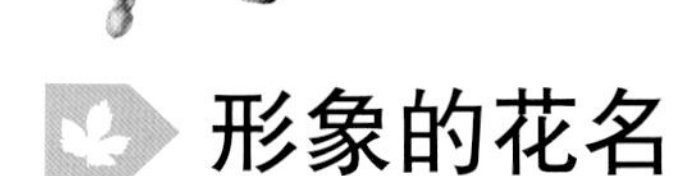

形象的花名

有很多兰花的花名与动物和昆虫有关，仔细观察也的确名副其实，记住以下几个有趣的花名，然后有机会去花店、植物园那里好好观赏一番吧：飞鸭兰、猴脸兰、笑黄蜂兰、鸽子兰、蝴蝶兰等。

色彩缤纷

五颜六色的花朵娇艳美丽，其颜色的奥秘就藏在花瓣里的色素当中。一朵花瓣里含有多种色素，色素越多颜色越丰富，但其中起最大作用的是花青素，它能让花朵在酸碱浓度值不同的环境中产生不同的颜色。

花 海

夕阳下的薰衣草田美不胜收，但美只是附产品。薰衣草有“香草之后”的美称，在古罗马时代就有相当普遍的应用，当时一块添加了薰衣草成分的肥皂与两头猪的价格相等。

果实累累

我们以人类的视觉感悟硕果累累的丰收，但是对植物自身而言，它得以延续生命的种子已经产生，这让它繁衍后代有了可能。

植物的果实

被子植物花朵中的雌蕊经过传粉受精后，由子房或花的其他结构部分共同参与孕育而成的植物器官，就是植物的果实。

孕育

花朵的雄蕊处即花药部分的细胞会产生花粉粒，经由鸟兽的帮忙，花粉得以落到花朵雌蕊处即子房里面的胚珠上。胚珠受精慢慢发育为种子，而子房和其他结构部分育成了果实。

分类

各种各样的果实数不胜数，但是依据果实孕育而成的特点，则只有3类：单果，由一朵花的一个子房发育而成的果实，如杏；复果，由整个花序发育形成的果实，如桑葚；聚合果，由一朵花中的多个雌蕊发育而成的果实，如草莓。

儿童自然百科全书

构成

果实由果皮和种子两部分构成，其中果皮还分外、中和内果皮3个部分。当然，也有一些特殊的果实并没有经过传粉受精也形成了果实，如香蕉和番茄。

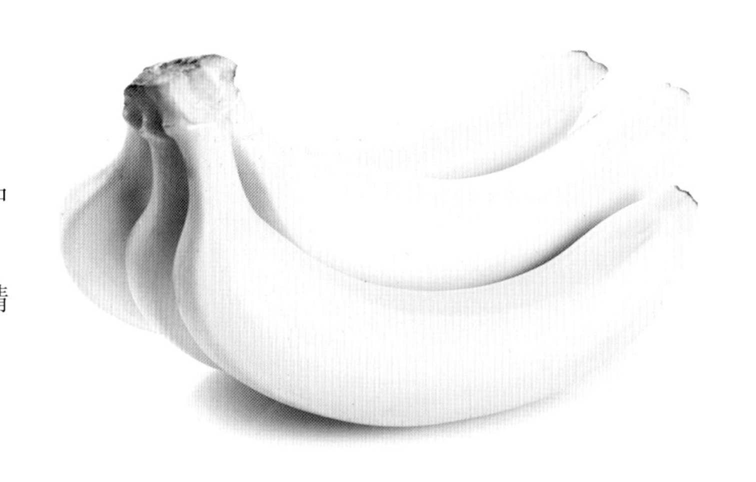

味道

一般来说，果实的味道随着生长过程而从酸涩逐步变甜，比如柿子、李子等，它们生长时所含的单宁物质较多，所以味涩；再比如苹果、葡萄等含有多种有机酸，直到成熟后，部分酸被氧化进而转变为糖，而甜味是积累的淀粉被水解为可溶性糖的结果。

价值

果实影响着人类的饮食，无论碗中的米面还是盆中的菜肴，还有果盘中的水果，都是植物的果实，从饱腹到营养，渗透到人们每一天每一刻的饮食活动当中。

乔木与灌木

树木根据高度、形态及树龄等特征，可以分为乔木、灌木与半灌木。乔木有显著的主干和分枝，高度一般在6米以上；灌木主干不明显，一般不高于6米，根部出土即分枝。而半灌木则是高度低于1米的低矮植物，虽为多年生，但到冬季枯萎。

落叶乔木

乔木有落叶和常绿之分。温带地区的乔木到了冬季或干旱时节就会因为光照不足而叶片脱落，这就是落叶乔木。落叶本身是为了减少水分过多蒸腾而进行的自保反应，是长期进化的结果。

银杏

银杏是落叶乔木中非常典型的代表，树龄很长，有的可活3000年以上。银杏的叶子好似打开了的一把折扇，每到10月份，树叶渐黄，到11月份黄叶飘零，直到第二年5月份开始重新长出新叶。

常绿乔木

顾名思义，常绿乔木的叶子常年保持绿色。一片常绿乔木的叶子寿命一般至少有两三年，之所以常绿，是在老叶脱落时，新叶也在不断更新中，因此它也成为绿化环境的首选树种。

茶树

茶树属灌木或小乔木，不同的地区，茶的质量区别很大。不过，在热带地区，还有一些乔木型茶树高15至30米，树龄甚至有千年之久，叶片也就更加珍贵。

灌木

灌木多为多年生阔叶植物，一般会形成矮小的灌木丛，因此绿化景观也是首选。常见的灌木有玫瑰、沙柳、迎春花、杜鹃等。

海边红树林

一种生活在海边被称作红树林的植物群落常常吸引人们的注意。每当海水涌上岸边的红树林，随着海水升起的“海上森林”就慢慢在海面上呈现出来，如梦如幻，非常漂亮。实际上，这个红树林是由海漆树、海桐树、海桑树等红树家族联合组成。

柏树

柏树是较为常见的常绿乔木，即使在北方寒冷的冬季，我们也能看到它在白雪中尽显绿色生机。柏树是柏类植物的总称，它们生长缓慢，但寿命很长，因不太抗风，所以常生长在山阴处。如今，柏树作为绿化树种已经遍及全国。

针叶与阔叶植物

针叶植物是从史前时期仍存活至今的植物，多为松类树木，叶子形状如针，表面有防止水分蒸发的油脂层，较为抗旱。而阔叶植物种类较多，叶子扁平但形状各异，耐寒能力远不及针叶植物。

白皮松

中国特有树种白皮松，松叶3针为一束，有5至7厘米长。白皮松的幼树树皮为灰绿色，树龄越长则越发呈灰白色。天然的白皮松需要在海拔700米以上才能生存，目前河南神农山崖发现千棵白皮古松，树龄最长的将近4000岁。

杜仲

杜仲为阔叶植物，叶子呈椭圆形或矩圆形，一般长为6至15厘米，适宜在温暖湿润但光线充足的环境生长，树龄为50年左右。杜仲为中国特有的名贵中药材，张家界是全世界最大的野生杜仲产地，被称作杜仲之乡。

金钱松

针叶植物金钱松的叶片扁软呈条形，一般15至30枚一束，以螺旋状散乱生长。秋后为金黄色，圆如铜钱，故得名金钱松。位于中国浙江省安吉县山川乡的首座金钱松森林公园，深秋时分，金黄景色成片，蔚为壮观。

菜豆树

菜豆树也叫幸福树，原为一种热带阔叶植物，还是夏威夷的代表树。菜豆树的叶片小而翠绿，呈卵形，长为4至7厘米，边缘处有不规则锯齿。菜豆树树高8至10米，树皮呈灰褐色，因有幸福树之称而被更多家庭养殖。

北方针叶林

北方针叶林又叫泰加林，主要分布于大兴安岭和阿尔泰山，是地球上最大的常绿针叶树种森林带，也是世界木材的加工来源基地，主要有红松、云杉和冷杉在那里生长。

常绿阔叶林

由常绿阔叶树种组成的地带性森林类型就是常绿阔叶林。在亚热带湿润地区，中国长江流域南部的常绿阔叶林目前面积最大，整个阔叶林群落终年保持鲜绿色，在阳光照耀下闪闪发光，结构上的复杂性仅次于热带雨林。

松　柏

松柏为常绿乔木，松科，是裸子植物中最大的一科，在我国园林作为观赏树种极为常见。

雌雄同株

松树是雌雄同株植物，一般在三四月份开花，但是距离结果则需要2至3年。第一年只是完成了雄、雌球花的生长，到第二年夏才受精发育成球果，俗称松塔。再之后慢慢成熟为多个种鳞，各种鳞育有两粒或多粒种子。

叶呈针状

松树较其他科最明显的特征是它的叶子呈针状，只是不同树种针叶数不同而已。马尾松、黄山松及油松的叶为2针一束；白皮松的叶为3针一束；华山松、五针松和红松的叶则是5针一束。

海岸巨人

红杉也为松柏纲，是侏罗纪最具代表性植物，目前仅在中国和美国有分布。出于保护，美国西南部海岸的北美红杉森林已经建成国家公园。园内有棵红杉高为113.14米，比自由女神像还要高出近两倍，被称为“海岸巨人”。

岁寒松柏

孔子云：“岁寒，然后知松柏之后凋也。”意思是，到了一年中天气最冷之时，就知道其他植物多凋零，只有松柏依然挺拔。这也体现了松柏极高的抗寒性。因此，古人也将它与竹、梅合称为“岁寒三友”。

树中寿星

刺果松，是美国西南部高山区的一个物种。因针形树叶聚集贴合生长如同狐狸尾巴，又名狐尾松。那里的狐尾松松林已经有4000多年的历史了，其中一棵经测算有4780岁的树龄，应是寿命最长的一棵松树了。

遍生山园

上至与天齐高的名山，下至人间居住的林院，松柏无处不在。北京颐和园、北海公园的油松、白皮松，还有黄山的黄山松、华山的华山松及长白山的美人松，让人念念不忘。此外，民院里的松树盆景也为生活增添了雅致。

迎客松

华山南峰的仰天池西边，有一棵迎客松，是油松的一种，它的树龄已有360多年，因为树形奇特，位置最高且独立生长，成为人们登华山留念的最重要的拍摄点。

竹　林

夏日午后，竹林随风发出节奏性的鸣响，如同被吹响的看不见的竹箫，加上眼前满眼的绿色，犹如遁入一个无比清凉的异域世界。

漆树与橡胶树

漆树是我国特产的一种经济树种，漆树所产出的生漆和结出的果皮，包括木材本身都有很好的利用价值。橡胶树原产于亚马孙森林，现在全球广泛种植的橡胶树为三叶橡胶树，也叫巴西橡胶树。与漆树一样，它浑身是宝，用途广泛。

漆树

漆树古名叫“桼”，因流出的液体与空气结合为紫褐色，故被称作“漆树”。在象形文字中“桼”为切割树木而流淌出乳液的样子，因此它也被称作“桼树”。漆树为乔木，高可达20米，开黄绿色小花，叶片较小，果实呈扁球形。

漆园

漆器如此重要，以至于漆树一度被作为皇家苗圃种植品种进行大面积种植，并有专人看管，而看管它的官吏也因此受到重视。皇家漆园内，经常可见树上的切割痕迹及收集装置。据说庄子在归隐前还曾担任过“漆园吏”呢。

漆器

漆树被切割后收集到的灰乳色液体是生漆，经过日晒脱水处理后再进一步调和，然后对竹木等器物进行涂制，最终形成漆器。漆器防虫有光，颇为精美，从古代舜帝开始，正式作为仪仗的礼器沿袭下来。

会哭的树

三叶橡胶树最早生长在南美洲的亚马孙森林中，只有古印第安人才有机会接触到它们。这种橡胶树寿命长，个头大，含胶量多。当印第安人发现割破的乳胶如牛奶般滴淌，就称它为“会哭的树”。

哥伦布与橡胶球

发现美洲大陆的哥伦布发现当地印第安人在玩一些有弹力的橡胶球，就将它带回了欧洲。西方人开始对此展开研究，最终美国发明家固特异研发出了新技术，研制出了使橡胶持续保持弹性的产品。

邓禄普与轮胎

在没有成为橡胶大王之前，邓禄普还只是英国的一个普通兽医。一天，骑自行车的儿子又开始抱怨实心的轮胎导致屁股痛。1888年，邓禄普研发的第一个空心橡胶轮胎问世，1895年，第一辆充气轮胎汽车问世。

椰子树与棕榈树

椰子树与棕榈树都是热带被子植物，粗略观察好像有些类似，但仔细辨认和了解，它们各个方面都区别很大。另外，从耐寒性上讲，棕榈树明显要强于椰子树。

外形不同

椰子树最低的也要15至30米，但棕榈树最高7米左右；椰子树的叶片为羽毛状，树冠基本为一个，但棕榈树叶片较圆；椰子树的果实为椰子，呈球形或卵形，顶端微具三棱形，而棕榈树的果实为肾状且有脐。

产地有别

椰子树主要分区地区为亚、非、美洲及大洋洲的海岸及内陆，并在赤道周边海域分布最为密集，在我国海南岛沿海、三亚地区为主要分布地；棕榈树主要分布在日本、印度及缅甸海岸地区，我国长江以南各省区也广为分布。

海南岛的椰子树

祖国最南端的岛屿海南岛生长着诸多热带植物，其中以椰子树数量最多，也最引人注目。各村庄附近几乎处处椰树成林，由于独特的地理位置和气温，海南岛的椰子口感更佳，所以海南岛也有椰子之乡的美称。

用途各异

椰子富含多种维生素、蛋白质及糖类，椰汁可以解暑。棕榈树可以用于绿化，棕榈皮可以制作绳索、蓑衣、沙发等制品；棕榈树的叶子可以编制草帽和扇子；棕榈树的果实、花朵及根可以用来制药。

新鲜的椰汁

新鲜椰汁可以缓解身体疲劳、增强食欲，玩累了的或者不爱吃饭的小朋友最适合来一杯了。但是椰子本身属于一种寒性饮品，对于处在腹痛、腹泻中或者肠胃不好的人来说，就不太适合饮用了，要谨记。

椰子主题文化

海南以盛产椰子著称，在那里，以椰子为主题的观光工厂、酒店和美食街等当地特色产业及文化非常丰富。人们在那里可以近距离参与椰子美食美酒的制作过程，能够欣赏椰子壳制作的各类器具的古朴之美。

哥伦比亚的蜡棕榈树

在哥伦比亚科科拉山谷里生长着特有的蜡棕榈树，平均高45米，最高的达80米，被称为哥伦比亚国树。它生长速度很慢，仅作为棕榈树苗栽种时就需要10年，而要长到60米，则需要80年，一般寿命为150年。

附生与寄生

植物的生长需要光照，但在植物繁多的环境中，均衡获得光照就显得过于奢侈。于是，有些被称为附生植物的那些植物就会攀附到其他植物枝叶上，以争取更好的光照。还有一些则更加残忍，它们索性直接对寄生的宿主下手，以获取水和养分。

北桑寄生

北桑寄生经常寄生在分布于北方地区的阔叶植物上，果皮黄色球形，在秋冬季节成串地在枝头摇晃，吸引鸟食。而被鸟类排泄后的种子会因果肉的黏稠而粘连在树干上，等待发芽时机。

石斛

石斛是一种对生长环境非常挑剔的附生植物，它的生长情况受宿主影响，宿主的养分和水分充足，它就生长得健康茂盛。石斛的宿主为碎石瓦砾、树皮板材等。

松萝

松萝喜阴暗湿润的环境，附生在针叶树上，如云杉、冷杉等，因此多在深山的多年老树或较高位置的岩石上，呈悬垂条丝状，很容易辨认。

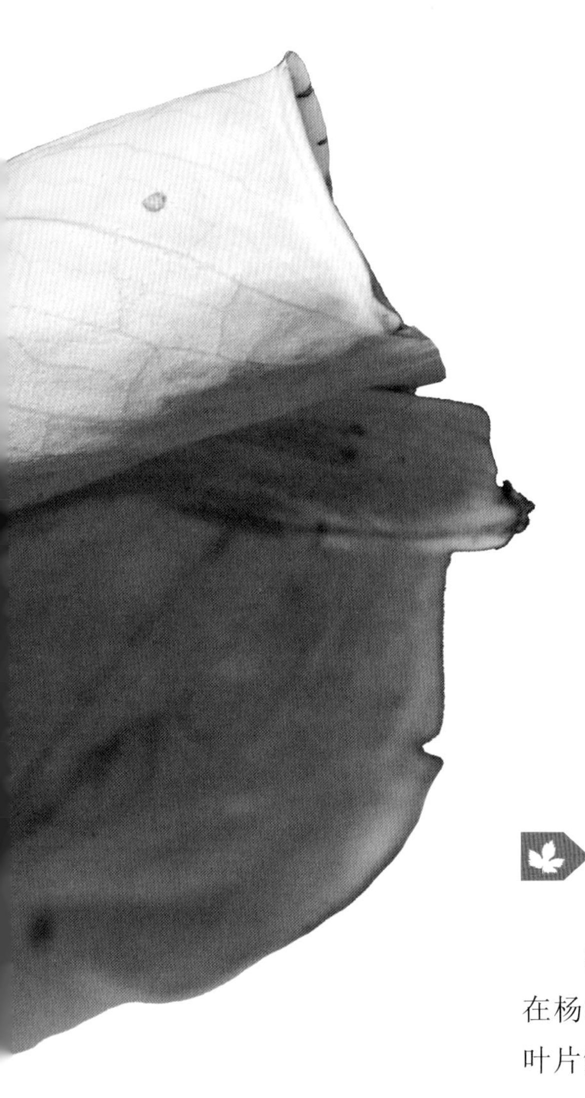

附生兰

附生兰的宿主一般为树木枝干及岩石表面。在热带雨林地区，这些附生兰的根固定在枝丫之间，依靠特化的根将枯叶碎屑聚拢起来，然后从中吸收养分。

槲寄生

槲寄生的名字就体现出了它的寄生性，它的样子如鸟巢，贴合在杨树、榆树或山楂树的枝条上，叶子短且绿。冬天的槲寄生依然叶片鲜绿，有了高度依托的宿主，就可以更好地进行光合作用了。

兰花上树

19世纪30年代，生物学家达尔文随“小猎犬号”帆船进行环球旅行，在走进巴西的热带雨林时，意外发现树上长满了兰花。最初以为是寄生，后来发现有气生根附在树上，为附生。这是科学史上最早关于“兰花上树”的附生记录。

山罗花

山罗花分布于山坡灌丛当中，通过根部寄生到宿主植物的根部进行生长，适应性很强，对宿主没有挑剔。

食虫植物

植物食虫早已不是新鲜事情，据统计，全球食虫植物超过500种，仅在我国就有30多种。它们多分布于热带和亚热带地区，其次是温带。

猪笼草

猪笼草是植物界有名的食虫植物，它长有瓶状的捕虫囊，当有飞虫飞过时，漂亮的颜色和香甜的蜜腺瞬间引发其好感。由于囊的内壁极滑，囊中还存有少量的水，所以飞虫失足入囊后，被囊所分泌的蛋白酶分解为养料吸收。

茅膏菜

茅膏菜是一种小型的食肉型草本植物，多长在水草丰润的地方，叶子表面长有可分泌黏液的腺毛，昆虫就是因被这些黏液粘住而成为它的美味佳肴。

狸藻

狸藻是水中植物，长1米左右，没有根叶，所以往往随着水流漂流。为了吸收营养，它长出上千个微小捕虫囊来捕捉浮虫。其各囊口内侧有可向内张开的活瓣，并有4根触毛。一旦有虫触动触毛，活瓣就迅速关闭。

毛毡苔

毛毡苔为沼泽地带特有草本植物，通过手掌状的叶子捕食蚊虫作为营养。手掌状叶子生有浓密触毛，可自由卷伸。当触毛顶端分泌出蜜香时，蚊虫被吸引而进入其领地，但蚊虫很快被触毛黏液所固定，然后触毛卷起，蚊虫继而被蛋白酶分解，成为养料。

有趣的实验

出于对毛毡苔特性的研究，有人专门做了实验，将沙粒放在叶子上观察变化。最初触毛是微微卷起的，但是很快被辨认出非所需食物而再次舒展开来，很是有趣。

捕蝇草

捕蝇草生有一对对称的叶子，叶子上长有两排尖刺，可如牙齿般围困住昆虫。当叶子边缘发出蜜香后，被引诱的昆虫飞到叶片附近，此时叶片内侧茸毛可以判断具体位置，时机到来，左右叶子快速合拢，完成猎捕。

农作物

农作物是指农业上栽培种植出来的，经去壳、碾磨等环节而成为可食用的基本粮食作物，如高粱、玉米、谷子、水稻及各种麦类。

水稻

水稻加工成大米，成为全球超半数人口的主食。我国各地区水稻种植较广，在粮食作物中，比重位于第一。目前，我们经常食用的黑米和紫米，属于稻米中的精品，口感好，营养价值更高。

高粱

高粱起源于非洲，现在在中国和非洲地区种植较多。高粱的穗有帚状和锤状两种，穗上的颖果以白、橙及褐色居多。高粱可以酿酒，也可以食用，尤其在食疗价值上很高，可以健脾胃、止泻、抑吐。

谷子

谷子原产于我国，是我国也是全世界栽培历史最古老的农作物之一。谷子去壳加工后就是我们食用的小米，是我国北方地区播种较多的粮食作物。谷子的维生素B_1含量较高，可以食用、制醋、酿酒。

马铃薯

马铃薯，俗称土豆，原产地在南美洲，作为全球第四大粮食作物，产量仅次于小麦、水稻和玉米。马铃薯可食用的为地下块茎，目前各国饮食烹饪中都有它的一席之地。17世纪，马铃薯传入中国。

小麦

小麦在我国的种植比重仅次于水稻，而全世界小麦种植面积超过粮食作物中的其他任何品类。小麦籽粒脂肪含量低，有较多的蛋白质、淀粉和多类矿物质元素。按照播种的季节，小麦有冬小麦和春小麦之分。

薯片

1853年，纽约某旅游地一家餐厅的厨师乔治·加林正被客人挑剔土豆片切得太厚。乔治·加林二次加工后，客人仍不满意，他索性把土豆片扔进油锅烹炸，结果意外受到赞赏。从此，由土豆烹炸成的薯片慢慢在全世界流行起来。

玉米

玉米原产地在中美洲，现在则已经成为全世界所有粮食中产量最高的农作物了。其颜色有黄、白、黑及杂色多种，以黄色玉米最为普遍。从营养上讲，它是所有主食中保健功能最强大的。

经济作物

经济作物也叫工业原料作物，相对于粮食作物来讲，是更具有特定经济用途的农作物，如花生、大豆、向日葵等。

大豆

大豆原产于中国，古代被称作“菽”，颜色有黄、黑、淡绿色多种，豆呈椭圆形或近球形，现在是东北地区重要的经济种植作物。它是豆科植物中蛋白质最丰富最具营养价值的食物。大豆油更是极具营养价值的首选食用油。

花生

花生在我国各地区几乎均有种植，含油量很高，有“植物肉”之称。花生外皮粗糙带有纹理，里面的花生仁有“浅红色外衣”包裹，这个外衣还具有止血化瘀作用。花生营养成分丰富，能增强脑细胞的发育。

茶树

中国是茶树的原产地，西南部地区是茶树的原产地中心区域。茶树种植后至少需要3年才可采收，到10年后达到量产。因茶叶自身的特殊医疗养生作用，茶艺自古就流传于世界各地，品茶待客更是成为生活日常。

甘蔗

甘蔗原产地是中国，有果蔗和糖蔗两类，我们直接咀嚼的就是果蔗，后者主要用来制作糖料。甘蔗在巴西、印度和中国种植较多，其中印度是世界上最早将甘蔗制糖的国家。我们日常食用的糖，就是由甘蔗的汁液提炼而成的。

油菜

油菜分布在中国、印度和加拿大地区，是我国种植面积最大的油料作物。油菜种子榨出来的油即“菜油”，其所含的维生素E是大豆油的两倍，可软化血管，预防衰老。按照季节，油菜有春、冬油菜之分。

苍耳

有一种浑身长着小刺的绿色小球，名叫苍耳。因为总是不经意间粘在接触它们的人的头发和衣服上，所以人们很讨厌它。但随着它的药用价值受到重视，中药材市场需求也越来越大，如今它转而成为农民伯伯非常喜爱的经济作物了。

向日葵

向日葵最早在1500多年前被种植于西班牙植物园中，如今它是世界排名第二、中国排名第三的油料作物。向日葵可高达3米，它的种子葵花子炒熟后常被作为零食。葵花子油能促进人体发育、预防高血压及心脏疾病。

蔬　菜

蔬菜在人们的日常饮食中必不可少，不同的蔬菜所含营养价值也有所不同。从蔬菜的生长方式上来区分，有攀爬于架子上的，有生长在地面上的，也有生长于地下的，五颜六色，形状各异。

丝瓜

丝瓜原产地是印度，通过攀缘方式生长，当有五六片叶子长出后，就需要搭建架子供它攀爬了。丝瓜成熟后呈棒子形状，食用时入口香嫩。丝瓜有“美人水”之称，可以美化肌肤。老了的丝瓜纹理粗糙，还可以用来做清洁工具。

番茄

番茄也叫西红柿，最早生在秘鲁和墨西哥的森林里，现在中国南北方都有种植。因果实营养丰富多汁，既被作为蔬菜也被作为水果食用，番茄中的番茄红素可以让肌肤充满弹性。番茄喜光照，搭好架子就能很快攀爬成长起来。

胡萝卜

胡萝卜有紫、白、红、黄各种颜色，其中紫色胡萝卜在阿富汗地区最早开始种植，13世纪，中国开始有了根型胡萝卜。胡萝卜播种在夏秋季，秋冬就可去掉茎叶，洗净入口。胡萝卜营养多，可以强身健体，非常适合小朋友食用。

结球甘蓝

结球甘蓝常被称作包菜、圆白菜及卷心菜等，绿色叶片层层交错包裹为球形。因为它耐寒抗病，产量也高，因此在各地都有普遍栽培。结球甘蓝无论是炒着吃还是做馅，都是老少皆宜的美味。它具有治疗溃疡、润肠通便的功效。

菠菜

菠菜源于伊朗，于中国唐朝贞观二年（628年），菠菜籽被作为贡品传入中国。按照叶子形状，菠菜分圆叶、尖叶和大叶3种。按照季节，春、夏、秋、冬都有种植品种。又嫩又绿的叶子吃法很多，营养价值也高，深得人们喜欢。

巨型蔬菜

在英国的一个小镇，有位专门种植巨型蔬菜的老爷爷，名叫菲利普。为了解决一大家族的吃菜问题，他潜心培育巨型蔬菜，育有约45公斤重的西葫芦和54公斤重的卷心菜。还有根8.4公斤重的黄瓜打破了吉尼斯世界纪录，厉不厉害？

草的作用

很少有人在意草的存在，实际上，在自然环境中，草密集形成的草坪可以充分改善生态环境。在城市，它的作用同样也不可小觑。

绿化环境

绿色的草坪在城市空间随处可见，对钢筋水泥建成的城市来说，养眼的绿色会愉悦身心，还能起到控制水土流失的作用。

降低噪声

草体本身的茸毛加上草的生长形成的地面气孔可以有效吸收城市噪声，原理就如具有多孔纤维结构的吸音板一样。

净化空气

不起眼的草可以和很多其他植物一样，吸收空气中的二氧化碳，放出氧气，这对空气净化非常重要。

充当肥料

冬天的枯草在种植地区往往会被焚烧成灰，其中的矿物质成分会随雨雪降临而深入泥土当中。新的一年开始，无论植物还是新草本身，又能再次吸收土壤中的矿物质成分。

吸收灰尘

空气中飘浮着很多细菌及粉尘颗粒，草可以很大程度地吸收粉尘颗粒并固化细菌。

降低气温

草在吸收热量的同时，释放出所含水分，可以有效湿润空气，使气温降低。

中草药

在形色万千的植物世界里，有很多可以用来治疗人类各种疾病的植物，我们习惯性地把它们称作中草药。我们利用中草药来治病的历史已有数千年，对于中草药的特性研究，我们也是世界上最早的国家。

甘草

甘草微甜，主要采集它的圆柱形的根来做药用，其所含的甘草甜素成分有独特的解毒能力。另外，甘草还具有祛痰止咳、利于脾胃的作用，对泌尿系统也有辅助作用，因此有“众药之王”之称。

黄连

黄连是多年生的上品草本植物，作为药用时主要用其根。因根为连珠状且颜色发黄，因此被称作黄连。所谓良药苦口，正是由黄连说起的。它能清热、解毒，治疗肠胃湿热等疾病，具有很强的抗菌及抗癌作用。

枸杞

枸杞为各枸杞属种的统称，日常食用和药用最多的是宁夏枸杞，宁夏枸杞是真正写入中华药典的枸杞品种。枸杞采集的多是它的红色果实即枸杞子，其具有降血糖、降血脂、抗肿瘤的功效。

冬虫夏草

冬虫夏草是一种名贵草药，是虫和草在季节转化下，互为繁衍寄生从而生成的一种特殊复合体。虫为蝙蝠蛾的幼虫，而草为虫草菌。它能提高人体免疫力、补肺益肾。真正自然形成冬虫夏草需要6年时间，因此其极为珍贵。

三七

三七是中国特有的药材，最早的药食同源中就有它的席位。为了保证药效，需要3至7年才能采集，因此取名三七。三七的核心功能是止血化瘀，号称“南国神草”。

人参

人参被称作“百草之王”，根须细长，生长在海拔较高的山林中，一般3年开出紫白色的花，再过2年后结出深红色浆果。人参主要使用其地下根茎，是滋阴补肾的上品，能更新皮肤细胞、促进血液循环。

野生人参

野生人参极为罕见。因为它的种子只有经过了鸟兽吞食到体内，才有机会被高温催化，经排出后方有发芽的可能。但如果排出的位置草木交错且温度过高、土质贫瘠，更不能保证50年的生长期内没有虫害，则存活概率极低。

香　草

很多植物的花朵、根茎、叶片、果实和树皮中含有独特香味，这样的芳草植物统称为香草，可以用来制作香料、调味品及提炼精油，部分的还有一定药用价值。

薄荷

薄荷的茎和叶子都散发出阵阵清凉的香味，既可以药用也可以食用。我们日常吃到的薄荷糖就是以薄荷成分为原料进行加工的一种糖类食品。

迷迭香

迷迭香开有迷人的蓝色小花，上面好像沾满了水滴，被赞为“海之朝露”。迷迭香具有安神醒脑的作用，还能对胃肠疾病有所缓解，被国际香草协会选为千禧年香草。

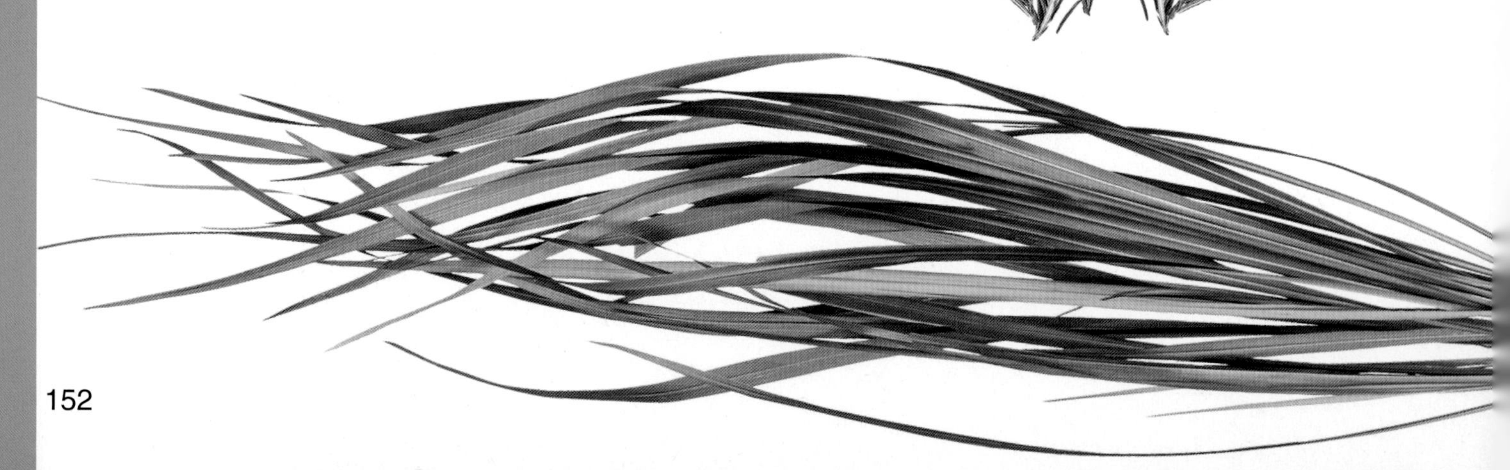

玫瑰

玫瑰作为世界公认的香料工业的原料之一，有“液体黄金”之称。在欧洲，很多高级香水的制作都需要玫瑰油做原料，因为它天然安全，有很好的抗衰老作用。此外，玫瑰制成的各类茶点也广受欢迎。

茉莉花

茉莉花以特有的清香，成为花茶和香精原料。在日常使用的大部分香精用品中，基本都包含有茉莉花香。由于茉莉花香的丰富性，所以茉莉花油的价格等同于黄金价格。

薰衣草

薰衣草在古罗马时代就已经被广泛种植，它的花瓣中含有独特的挥发油，这让它备受欢迎，有“芳香药草之后”的美称。它被提炼出来的草油在美容、药用及熏香方面都有使用，能缓解精神紧张、促进睡眠。

香茅

香茅也叫香茅草，因为有柠檬般的香气，也常被称作柠檬草。该香草对于风湿、偏头痛、消化不良等症的缓解很有效果。在医疗养生领域，它是用途最为普及的精油之一，也常被用作室内芳香剂来调节空气。

盆 景

盆景制作在我国历史悠久，是通过植物和山石在不同花盆内进行自然造景的一种艺术表现形式，上至皇家下至百姓，因其独特的自然魅力和风景，而受到广泛喜爱。其中，有些盆景造型植物，始终受到热捧。

金弹子

金弹子因其瓶形花朵及金黄果子而有喜庆之感，因此也被称作吉庆果。金弹子自身茎干古朴弯转，颜色如铁而便于自然造型。但因有花有果，加上不可过阴过阳，所以做好一盆金弹子盆景需要很长时间的投入和把握。

铁树

铁树的枝条叶片较为浓绿，叶子呈羽状，树形优雅，加上特有的长寿寓意和坚硬的质地，很具盆景造型需要的特性。铁树盆景养护难度小，只要保证阳光充足，适度浇水、施肥，就很容易成景。

水仙

水仙可以选择水培方式造景。选择容积较水仙块茎更大一些的水培花盆，放些适当的鹅卵石填充点缀，放在光照充足的空间，叶子将逐渐宽厚，花开也会更多。

老鸦柿

老鸦柿在南方地区较多，因其树形矮小且分枝能力强，所以很利于造景。老鸦柿有较长果期，而且树形变化多端，加上它对阳光和土壤的适应性较强，所以受到广泛欢迎。

多肉植物

多肉植物看起来精巧肉厚，视觉上很容易讨喜。以多肉植物做盆景造型越来越受到年轻人的喜欢，只要控制好过快的生长节奏和因水分过多造成的烂根现象，经过一段时间的培育，就会收获一盆漂亮的多肉盆景。

五针松

用松树做盆景是很多人的选择，尤其是五针松。五针松枝条舒展，针叶紧密成簇，枝干更显苍劲古雅，很受人们喜爱。人们只要掌握好其喜干燥的特性，适度遮阴和控制水肥，就不难获得观赏价值很高的盆景作品。

可爱的胡萝卜

人们日常买菜做饭时，经常会因为有些蔬菜的头部或根部有嫩芽长出而不舍得将其扔掉。比如胡萝卜的头部肥大健康，可以切下来放置于可盛水的器皿中进行水培。慢慢地，其头部的叶子便会如一棵微型小树般挺拔可爱。

动物世界

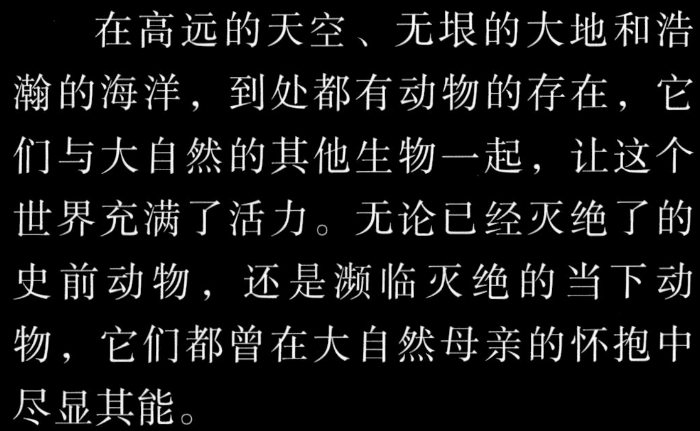

在高远的天空、无垠的大地和浩瀚的海洋，到处都有动物的存在，它们与大自然的其他生物一起，让这个世界充满了活力。无论已经灭绝了的史前动物，还是濒临灭绝的当下动物，它们都曾在大自然母亲的怀抱中尽显其能。

动物略说

大自然约有150万种动物，小到无法看到的微生物，大到重近200吨的蓝鲸，个体差异之大，形态结构之多，让人震惊。我们先从动物的身体特征开始，大概对动物群体有个简单认识吧。

眼睛

不同的动物其眼睛的结构、颜色和大小都有不同。蝙蝠靠耳朵定位，所以眼睛很小；弹涂鱼的眼睛竖在头顶可获得更好的广角范围；螳螂的复眼在头部两侧，向外突出，视野开阔；响尾蛇的眼睛下部还具有热定位器；昆虫则多为色盲。

耳朵

鱼的耳朵长在头骨中，靠声波震动感应外界；马的耳朵可转动方向接收声音；蛇靠内耳做出判断；蟋蟀耳朵在前脚小腿上；飞蛾有多个耳朵，长在胸、腹部；蚊子耳朵长在头部突出的触角上。

鼻子

狗鼻子可以分辨出20万种完全不同的气味；鲨鱼能从海中嗅出百万分之一浓度的血腥分子；食蚁兽可轻易在瓦砾堆里找到蚂蚁；大象的鼻子有4万条肌肉，可攻击，也可以捡起一朵花，还能喷水洗澡；海豚用鼻子发出声波。

四肢

低等的无脊椎动物没有明显的四肢，高等脊柱动物的四肢发达，利于奔跑。两栖动物如青蛙的前肢短而后肢长；猎豹的四肢发达，奔跑极快；袋鼠后肢为前肢长度数倍；海豹四肢为桨状，适合游泳。

嘴巴

动物的嘴巴包括齿和舌。蚊子有吸吮液体的口针；蛾蝶的嘴巴为可吸取花蜜的虹吸式口器；蜜蜂的嘴巴可咀嚼固体，也可吸取液体；鸟类角质化的喙可摄取食物；虎豹豺狼的犬齿利于捕杀；牛羊的门牙适合切撕植物茎叶，靠臼齿咀嚼。

爪子

动物的爪子是动物进化到陆生脊椎动物阶段时，由自身皮肤的角质层进化而来。蜥蜴、龟鳖类爬行动物的爪子主要用来爬行；哺乳动物如獾、猴子、狮子等的爪子，可用来挖掘、钩取和捕捉；马牛的爪子蜕化为蹄子，方便稳定地走路。

史前动物

史前动物是指地球早期发展进化过程中出现的一些动物，但是在演化过程中气候、地理变迁等多种原因导致这些动物大部分灭绝，如今仅能通过化石看到它们曾经存在的痕迹。当然，也有一些动物在这一过程中，逐步适应存活下来。

古生代的三叶虫

早在300多年前，在我国山东就发现了三叶虫化石。作为节肢动物，三叶虫随着寒武纪初期的其他小壳动物群出现。三叶虫头部有硬甲，身体柔软，尾巴半圆，是当时海洋中强大的动物。到晚生代，随着无脊椎动物的出现，三叶虫走向灭绝。

中生代的恐龙

中生代的恐龙除了南极地区，已经是大陆上的绝对霸主。食肉的霸王龙，吃植物的雷龙，可以飞翔的翼龙，还有水中的蛇颈龙、鱼龙……品类繁多。到了1亿3000万年前左右，地壳运动引起的地貌、气候变化，导致它们最终灭绝。

鱼类始祖文昌鱼

文昌鱼早在5亿年前就已出现，身长3至5厘米，粉红色、半透明、无鳞无脊椎，甚至也没有眼睛、鼻子、耳朵。演化至今，它仍以浮游生物为食，具有低级的原始性，是从低级无脊椎动物进化到高等脊椎动物的过渡物种。

鸟类祖先始祖鸟

1861年，在德国矿石区发现了一具目前为止最为古老的鸟类化石，被命名为始祖鸟。它有哺乳动物的牙齿和带有节尾椎的尾巴，但是也有鸟类的羽毛特征。那么，到底鸟类飞行是源于奔跑，还是源于树栖，尚无定论。

古代长毛象猛犸象

猛犸象是生活在寒代的哺乳动物，除了象牙更长更弯和一身的长毛，与现代的象非常相似。当时的猛犸象与原始人处在同期，原始洞穴还保存着原始人类围猎猛犸象的红土画。随着气候变暖，猛犸象北移，饥饿加上被猎杀，族群消亡了。

活化石鹦鹉螺

鹦鹉螺最早生存于5亿年前的古生代海洋中，它们属于头足类软体动物，但有坚硬的贝壳保护安全。目前，海洋中依然散落着3500多种鹦鹉螺化石，成为研究动物进化和地质勘察方面的最好标本。

濒危动物

由于不可控的自然灾害和人类活动的影响，地球上的许多动物存在灭绝的趋势或正在走向灭绝。因此，有效地保护和全力拯救这些珍稀濒危的野生物种迫在眉睫。

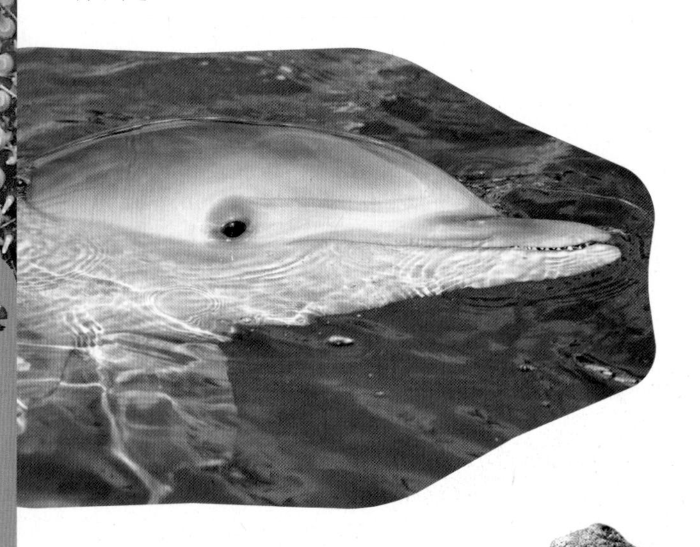

活化石白鱀豚

白鱀豚是一种生活在淡水中的小型鲸类，具有“活化石”之称，是我国特有的哺乳动物。目前，白鱀豚存在数量极其稀少，已经被列为国家一级保护动物。

菲律宾鳄

在菲律宾地区，尽管菲律宾鳄已经列入禁捕范围，但是由于它们的栖息地因土地开发及捕鱼业的影响而越来越小，其数量开始逐步下滑。

印度恒河鲨

恒河鲨是一种稀有的鲨鱼种类，生活在印度河。因为昂贵的油脂而遭到大范围的捕杀，因此也严重影响了恒河的生态环境。世界自然保护联盟将其列为濒危鲨鱼物种。

长臂猿

2006年，我国的考古人员在秦陵园内挖掘出了共计13个陪葬的坑，其中一个坑内发现了多个非家畜的动物骨骼。经过鉴定，为长臂猿的骨头。今人推测，古人将其作为宠物饲养，这是加速其数量减少的原因之一。

黑足雪貂

黑足雪貂是北美洲极为稀有的濒危哺乳动物。1985年，绝大部分当地雪貂被疾病夺去生命，为了保护剩余物种，相关部门决定将最后18只捕获，进行人工饲养，以此繁殖更多新的生命。

夏威夷蜗牛

夏威夷蜗牛是夏威夷地区的特有物种，它的外壳色彩丰富，因此被更多人设法收藏，从而数量骤减。夏威夷蜗牛的壳与其他腹足纲动物的壳对比，是逆向左旋的，非常罕见。由于大量外来物种和栖息地的人为破坏，此类蜗牛越来越少。

大堡礁

大堡礁为动物提供了躲避风浪和逃避敌害的理想生活场所。这里有242种鸟、约4千种海参和海星等棘皮动物。这里还有一种漂亮的大海贝，贝壳张开时闪闪发光。大堡礁海域，生活着1500多种鱼，有泳姿优雅的蝴蝶鱼，有色彩华美的雀鲷，还有鹦嘴鱼等。一些鱼在遇到危险的时候，还会利用身体的色彩蒙骗敌害，保护自己。

海胆与海星

海胆和海星都属于棘皮动物门下的一个纲，身上都长着针刺状皮肤，体形呈辐射对称状。棘皮动物分布较广，在海洋各个深度的水域中都能找到，目前大约有6000个品种。

天性胆子小

海胆胆量很小，因此经常躲在海藻丛生的潮间带以下海区的礁石间或石缝中，即使出现一点光亮，也会吓得躲起来，只有晚上才出来活动。即便如此，并没有阻止它成为地球上寿命最长的海洋生物之一。

边吃边运动

海胆的运动多少与食物丰富性有关。若食物不充足它移动的范围就会大一些，但也仅在10至100厘米之间。运动时海胆依靠身体上密密麻麻的管足和棘来操控身体。

生殖能力强

一只雌海胆能产4亿个卵，雄海胆能排出上千亿个精子。受精后的卵子会随水漂浮，几天内就能发育成早期的长腕幼虫，再过几周或几个月，早期长腕幼虫变态发育成后期长腕幼虫。此时，长腕逐渐被身体吸收，并发育成1毫米大小的幼海胆。

巨紫球海胆

在北美洲西海岸的浅海域岩石附近，生活着一种巨紫球海胆。它安静地在水底休养生息，需要运动时，就用脊柱缓慢爬行。有研究表明，有些个体寿命竟然超过了200年。

自带“备用细胞”

海星的再生能力极强，一旦海星的脚被切断或被其他生物咬断后，只要还带有一些中心圆盘的残骸，就能迅速激活“备用细胞”，生长成一个新海星。

“五脚”海星

海星身材匀称，体色艳丽，从位于身体中心部位的体盘向周围长出5只“脚”。这5只“脚”的长度、粗细几乎一样，所以海星的体形属于“中心对称图形”。

超级监视器

海星明显的5只腕一直被认为具有辨别方向的功能。目前，有专家研究发现，海星身上实际长满了微小晶体。这些远远小于人类使用的透镜的若干晶体发挥着眼睛的作用，帮助海星搜集各方信息，仿佛一个无与伦比的监视器。

蚯蚓与马陆

蚯蚓没有骨骼，体表附有薄薄的一层角质层，平时喜欢栖息在潮湿、疏松且有机质含量丰富的土壤中，被达尔文称为最有价值的地球动物。马陆也叫千足虫，由多个体节组成，喷出的液体有刺激性气味。

能吃能消化

蚯蚓是典型的杂食性动物，除金属、玻璃、塑料和橡胶外，它几乎什么都吃。蚯蚓体内发达的消化腺所分泌的消化液与食物混合后，再经过消化管道的收缩、摩擦而成为细碎的食物进入肠道后被吸收，不能消化的部分就排出体外。

靠感觉反应

蚯蚓的身体分布着感觉神经细胞，能够对周遭的刺激迅速做出反应，只要周围稍有动静，它就能感知到。蚯蚓的身体表面还生有光感受器，能感知外界的光线。

以毒攻“毒”

遇到敌人威胁时，马陆会在外壳表面分泌一种有毒的化学物质，防御敌人的攻击。有些品种的马陆所喷发出的液体甚至带有很强的毒性，比如热带雨林中的一种名为马达加斯加猩红马陆，它防御时喷出的液体能导致人类失明。

肥沃土壤

蚯蚓生活在地下10至30厘米深的土壤中，能够以土壤中的动植物尸体作为食物。被消化后的食物排出后，形成细小颗粒，连同被松动的沙土，让土壤更加肥沃，有利于植物的生长。

有前提的再生

蚯蚓再生能力很强，但是这是以不破坏其体内的再生器官为前提的。分解后的蚯蚓，可以通过再生器官分泌一种特殊的黄色黏性物质而将伤口愈合，获得再生。但若被分解、破坏部分含有心脏、生殖系统等核心器官，就无法再生。

到底有多少只脚

马陆的体形呈长扁形或圆筒状，触角比较短。它们的躯干是由20个体节组成的，其中在第2至4节上各有一对步足。从第5个体节开始，每个体节上各生有两对步足。行动时，左右两侧步足同时行动，且前后足依次前进。

非洲巨马陆

1926年，美国科学家曾在旧金山发现了一具有750条腿的怪物化石，后经过多年研究，证实它为世界上最大的马陆，曾生活在远古石炭纪时期，体长超过3米。后来随着气候变化马陆的体形不断缩小，目前38厘米长的非洲巨马陆为最大了。

软体动物大观

贝类是软体动物的一个大类，品种较多，一般身体都具对称性，都有自己的真体腔。当然，尽管同属贝类，但是个体之间还是存在外观及习性方面的差异。

田螺

田螺在我国各个地区的水库、池塘等淡水流域都有广泛分布。田螺由外壳和软体部分组成。外壳呈螺旋状，为黄绿色，很薄。软体部分由头、足和内脏囊3部分构成。

蛤蜊

蛤蜊属于贝类，但是它本身也有花蛤、文蛤、西施舌等诸多品种。蛤蜊外壳薄而滑，个别表面生有同心纹。蛤蜊有“天下第一鲜”之称，以中国、日本、澳大利亚和韩国等产量最高。

贝壳空腔共鸣

把贝壳贴近耳朵就可以听见海浪的声音，这是很多人坚信不疑的事情。实际上，当贝壳之外的声音的频率与贝壳空腔的固有频率相同时，就会形成共鸣，这种共鸣声会使我们错误地认为是听到了海浪声。

扇贝

扇贝是扇贝属的双壳软体动物的代称，品种有400余种，外壳多以圆形或者扇形为主，世界各海域均有分布。扇贝也叫海贝，主要以藻类为食。

竹蛏

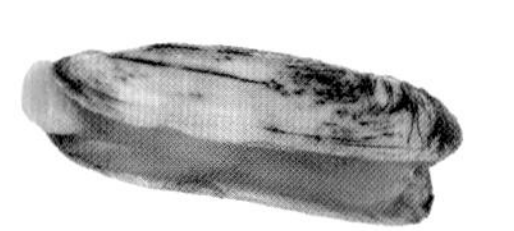

竹蛏是海产双壳软体动物，因为双壳抱合后如竹筒，因此得名竹蛏。竹蛏贝壳很光滑，多为黄褐色，生活在潮间带中下潮区及浅海区域的泥沙当中。

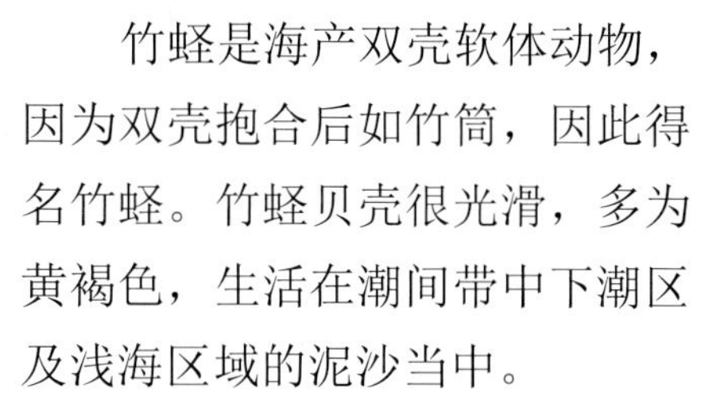

赤贝

赤贝的外壳大而膨胀，多为白色，主要分布在中国、日本以及朝鲜的沿海地区。目前，绝大部分海鲜市场上的赤贝是海洋中捕捞而来，少部分也通过人工养殖填补市场。

乌贼

乌贼又叫墨鱼，是一种圆锥形软体动物，身体呈白色，表面分布着淡褐色的色斑，属于软体动物家族中的头足纲。乌贼生活在热带和温带水域，身体如同一个橡皮袋子，遇见敌情，就会释放烟雾弹，趁机逃生。

虾与蟹

虾是一种生活在水中的节肢动物，为节肢动物的甲壳类，种类很多。蟹也是甲壳类动物的一种，种类也很丰富，绝大多数生活在海洋中。

蜕皮长大

任何一只虾想要长大的话，就要不断经过蜕皮才行。在蜕皮时，虾会先在尾部和躯干部胀开一条横向的裂缝，然后身体侧卧弯曲，慢慢从裂缝中钻出来。

虾中之王

在“虾兵”中，龙虾绝对是虾中之王，它体长20至40厘米，头胸部很大，身上披着一层光滑又坚硬的外壳。龙虾昼伏夜出，会成群结队地在海底觅食、迁徙。

义务“清洁工”

在海里有一种虾特别爱清洁，是尽职尽责的“清洁工”。它们一般栖息在珊瑚礁中，义务地吃掉海洋动物身上的坏死组织和寄生虫，它就是清洁虾，也叫医生虾。

横行的奥秘

螃蟹爬行的姿势简直是“横行霸道”，实际上这是由它们的身体构造决定的。由于蟹的步足基部与头胸部相连，无法转向，步足的关节只能向下弯曲，向左右行动，所以蟹只能横行而无法正常向前爬。

退壳成长

和虾一样，螃蟹长大也是需要几次蜕变才能完成。母蟹一次产卵百万，数量很多，但是有其他肉食动物的捕食，只有一小部分才有机会存活。孵化后的幼体脱离母体后，随处浮游，在成长过程中经过多次蜕壳，最终成长为一只成蟹。

为食物而战

蟹身体前方长有一对大螯足，它可以捕食，也可以攻击。但为了食物，它们也会毫不犹豫地进行“窝里斗”。为了争夺一只死虾，它们会利用大螯足相互攻击，甚至将附肢残缺的弱者同类吃掉。

霸占螺壳的寄居蟹

寄居蟹主要将螺壳作为住所，而且随着身体的不断长大，它也会更换更适合自己的壳来住。甚至为了彻底霸占螺壳，它会直接吃掉螺壳内的软体，直接成为房子的主人。若有危险来临，它就直接缩入螺壳深处。

杀人蟹

目前，世界上现存的最大的螃蟹种类是日本的巨型蜘蛛蟹。蜘蛛蟹最长可达4米，体重足有20千克，并且因为性情残暴，有攻击性，被称为杀人蟹。它们的腿和蜘蛛的腿很像，一般生活在日本南海域的海底深处。

昆　虫

似乎没有什么动物比昆虫的种类和数量更多了，目前已知的昆虫种类就超过了70万，还有太多的新物种没有被发现或者刚刚发现还没有被归类。

短命的蜉蝣

有寿命长的，就有寿命短的，蜉蝣可以称得上是最短命的昆虫。一个成年的蜉蝣寿命最短的只有几个小时，有命长些的，也就一周时间。蜉蝣的幼虫常成为鱼类的饵料，死了的蜉蝣也是很好的田间肥料。

蝴蝶

蝴蝶的种类很多。蝴蝶常常在花丛间飞来飞去，颜色漂亮，惹人喜欢。有的蝴蝶会通过模仿进行防御。比如猫头鹰蝶会通过翅膀上的斑纹模仿猫头鹰的脸部来吓跑袭击者。

蛾子

日常中我们看到的蛾子和蝴蝶很相似，但是怎么才能区分出来呢？有一个方法可以试试看，就是在它们休息时，看它们的翅膀如何收拢。如果收拢后贴在背上的，就是蛾子；收拢后直直地竖立着的，就是蝴蝶。

勤劳的小蜜蜂

飞来飞去的蜜蜂在采蜜的同时，顺带完成了植物授粉，最后酿成的蜜还能滋补人类的身体。勤劳的小蜜蜂不仅是益虫，而且是人类的好朋友。

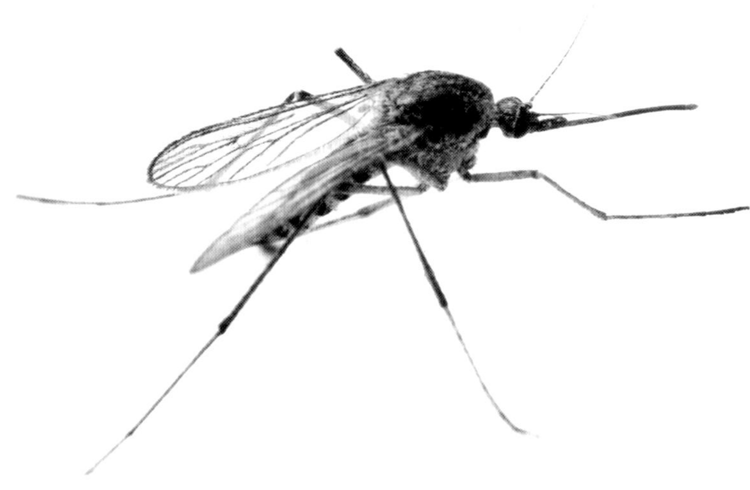

蚊子

蚊子可以传染疾病，所以臭名远扬。蚊子的繁殖能力很强，一年可以繁殖七八代。种类也很多，有雌雄之分，吸食植物汁液。在繁殖时期，雌雄蚊子会通过吸食人与动物的血液来促进卵的快速成熟。

“小巨人”竹节虫

竹节虫在昆虫王国里算得上是巨人般的存在，一般有10至20厘米长，也有50厘米左右的。竹节虫本身也是隐身的高手，会随着环境而改变自身颜色。

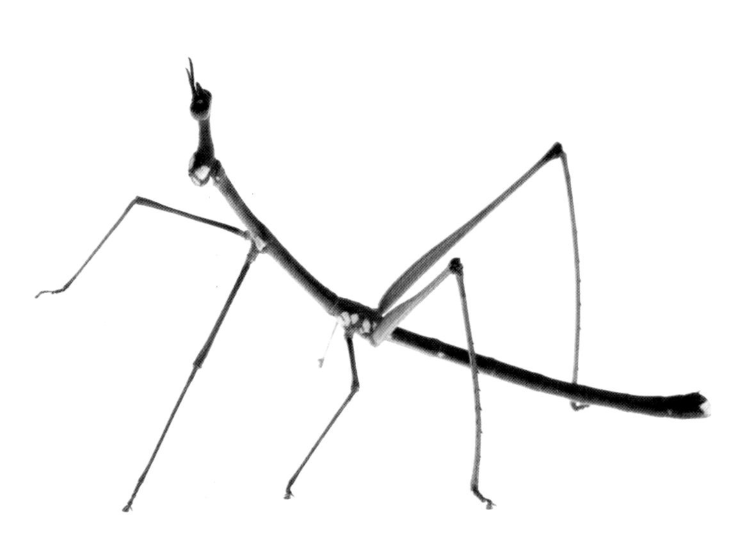

古老的蟑螂

蟑螂绰号“小强”，因为它的生命力实在是顽强，几乎可以所有东西为食。早在距今3.54亿至2.92亿年的石炭纪时，蟑螂就已经存在了，目前已知的蟑螂约有4000种。

白蚁的城池

群居动物白蚁破坏性极大，它们可以联合吃掉动物尸体和植物，船只和房屋也不能幸免。只要它们经过的地方，哪怕有一头受伤的大象躺在那里，也能几天就被啃噬得所剩无几。

鱼　类

鱼是脊椎动物中最为古老的一类，为了生存，不同类型的鱼类都拥有具备攻击能力或防御能力的独特器官。也因此，由诸多鱼类参与的海洋世界显得更加丰富多彩、魅力无穷。

翻身上岸

有一种鱼，它最喜欢在水流缓慢且带有淤泥的水域中生存。但是当环境中的水分不足或有其他不适发生时，它就摆动鳃盖、胸鳍，翻身上岸，慢慢爬到坡地，转移到新的水域，这就是龟壳攀鲈。它的鳃上器发达，所以可以离开水。

海洋之声

在鱼类世界也不时地响起不同的声音，比如海马会发出类似打鼓的声音，电鲇的叫声就像一只发怒的猫，此外还有类似于人的打鼾声、口哨声等奇奇怪怪的声音。这些奇妙的声响如同永不停止的海洋之声。

深海幽光

在漆黑的海底，经常会发出或明或暗的幽光，这些都是鱼类的杰作。有的鱼腹部带有发光器，发出的光如一排排点亮的蜡烛；有的鱼后背带有发光器，发出的光像探照灯一样。比如灯笼鱼，就如小灯笼一般发光。

神奇的鱼鳞

大多数鱼类身上都覆盖着鳞片，你知道这些鳞片的作用吗？它不但能保护鱼类免遭各种病菌的侵害，有时还能迷惑敌人，保护自己。当有光线射入水中时，鱼鳞的反光就会让敌人眼花缭乱。

鱼类也会溺死

鱼类既然在水中存活，那它是否就永远不会出现溺死现象呢？实际上，当鱼下沉的深度到达临界深度，也就是水压大到无法自我调节鱼鳔的体积时，鱼就会因为重力大于浮力而导致下沉，最终因窒息而溺死。

易容有术

有些鱼类的体色可以随着周围环境的变化而改变，甚至改变一次体色只需几分钟。比如蝴蝶鱼，当一只蝴蝶鱼从珊瑚从这边进去，从另一边出来时，身体颜色已经变了，就像变成了另一条鱼一样。

恐怖獠牙

吸血鬼鱼生活在非洲和北美洲，它身长1米多，长着一排排恐怖的锋利獠牙。这个让食人鱼都望风而逃的物种，在地球上已经有了上亿年的历史。吸血鬼鱼的獠牙最长可达15厘米，可以贯穿猎物的身体，非常恐怖。

软骨鱼与硬骨鱼

鱼类按体内骨骼的性质可分为软骨鱼和硬骨鱼。软骨鱼大约有700多种，主要分布在低纬度海洋；而除软骨鱼外的所有鱼类基本都是硬骨鱼，相对于软骨鱼来说，它至少有一部分是由真正的骨头组成的骨骼。

初识软骨鱼

软骨鱼最早出现在泥盆纪，其骨架均为软骨，常见的有鲨鱼、鳐鱼、魟鱼和银鲛等，它们因为没有鱼鳔，需要不断游动才能从海水中获得氧气。

软硬过渡

1789年，拿破仑军队向埃及进军。路上，一位年轻科学家在尼罗河处抓到一条形似恐龙的鱼。经过深入研究，他发现鱼类与陆地动物的关联性，认为形似恐龙的鱼应是原始的软骨鱼在向硬骨鱼进化过程中所经历的中间环节，是个过渡鱼类。

软骨鱼：鳐鱼

鳐鱼是扁体软骨鱼的代表，身体多为圆形或菱形，有明显宽大的胸鳍，一般较大的有两三米长，最小的仅有50厘米，喜欢将自己深埋于水下沙中。目前已发现的鳐鱼种类有100多种，线板鳐体长有8米，为最大的鳐鱼品种。

初识硬骨鱼

在泥盆纪中期，硬骨鱼开始出现，它们的很多骨骼已经成为硬骨。头骨外侧的骨片将头顶和侧面覆裹起来并向后遮盖住鳃。大部分的观赏鱼如金鱼、孔雀鱼、锦鲤等都是硬骨鱼，还有带鱼、鲅鱼、黑鱼、鲇鱼等。

硬骨鱼：锦鲤

锦鲤是极为常见的一种极富观赏价值的硬骨鱼，与我们经常食用的鲤鱼同科同属。锦鲤因为颜色鲜艳且各具风采，形体优美又可吃杂食，所以受到各国养鱼爱好者的追捧。

最原始代表

1990年，中国专家在云南某地发现了斑鳞鱼，经鉴定认为它为原始肉鳍鱼类，早在4亿多年前泥盆纪早期就已存在。进一步研究发现，它可能是整个硬骨鱼类最原始的代表，意义重大。

鲨鱼与沙丁鱼

鲨鱼生活在温带和热带海洋中，是一种异常凶猛的鱼类，被称为“海中之狼”。沙丁鱼主要分布在地中海和黑海等地。在每年春夏季节，它们生活在近海，在其他季节则会转移到深海里。

鲨鱼家族

鲨鱼是海洋中最令人恐惧的“杀手”，其锋利尖锐的牙齿令其他鱼类闻风丧胆。在鲨鱼家族中，有几个非常厉害的“杀手”，它们分别是公牛鲨、大白鲨、虎鲨、牛鲨、姥鲨、鲭鲨、鼠鲨等。

尖刀牙排

鲨鱼的牙齿如尖刀一样锋利，而且是5至6排分布，非常罕见。如此彪悍的牙齿，可以轻轻松松就把手指粗的电缆咬断。不同种类的鲨鱼，其牙齿的形状、功能等也不同。

闪光夜眼

鲨鱼在黑暗中也能看见东西，因为它的眼睛具有反光组织，能反射光线，射到反光组织上的光线会反射到鲨鱼的眼中，从而二次刺激视网膜，其原理与猫眼相似，所以黑夜中的鲨鱼眼睛也闪闪发光。

生命力强大

作为古老的生物之一，鲨鱼比恐龙的出现还要早上更多。鲨鱼经历了亿万年的演变延续至今，说明它的确生命力强大。有科学家发现，鲨鱼的血液中含有各种抗体，能够抑制和消灭病菌，几乎是从来不生病的动物。

游泳不能停

鲨鱼是软骨鱼的代表，没有鱼鳔供它自由沉浮，加上它的身体密度比水稍大，也就是说，如果它停止游动，就会沉入海底，所以鲨鱼必须不停地游泳。还好它身上生有8个鱼鳍，能辅助它更好地维持身体平衡。

沙丁鱼家族

在古希腊语中，“沙丁鱼”是指“来自萨丁尼亚岛”的鱼。沙丁鱼家族共有20余个种类，其中包括鲱鱼、大西洋鲱鱼、油鲱、小鲱鱼、南美拟沙丁鱼、远东拟沙丁鱼等。

季节洄游

沙丁鱼一般喜欢栖息在海水的中上层，但到秋冬季节水温较低时，就会游到深海区避寒。春季，当沿海水温升高时，浩浩荡荡的鱼群还会向近海岸洄游，去那里产卵繁殖；到了夏季，又会随着南海暖流向北洄游；秋冬季节则继续向南洄游，寻找温暖的水域。

两栖动物

两栖动物是从水生过渡到陆生的脊椎动物，它们既能适应水中的生活，又能自由自在地在陆地上生存，所以也叫水陆两栖动物，已知的有4000多种。

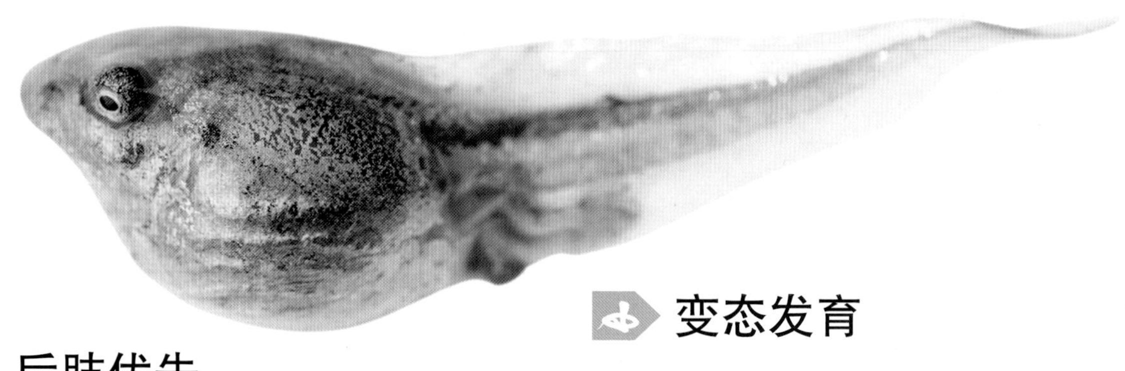

后肢优先

一般动物四肢几乎都是同时发育、成长起来的，但两栖动物却先长出后肢，待后肢完全成形后，前肢才会长出，并且后肢通常比前肢更粗壮、有力，而前肢明显短小、无力。

多重呼吸器官

两栖动物的幼体用鳃呼吸，长大后的成体开始用肺呼吸。由于两栖动物皮表下有许多血管，所以皮肤也可以辅助呼吸。

变态发育

两栖动物从幼体成长为成体，前后形态差异明显甚至完全不同，属于变态发育，比如蝌蚪和青蛙。多数两栖动物都把卵产在水里，幼体也在水里生长。长大后的成体既可在水里游泳，又能爬到陆地上闲逛。

滑腻的皮肤

两栖动物的皮肤没有鳞片、甲片和羽毛覆盖，而是薄薄一层裸露在外。为防止蒸发过多的水分，皮肤会分泌出滑腻的黏液，使皮肤保持湿润状态。

成员分布

两栖家族的成员较多，所以它们分布也比较广，其中以热带、亚热带湿热地区的种类和数量分布最多。此外南极洲、海洋和沙漠地带等也有一部分两栖动物生存。

体温不恒定

在夏季，两栖动物还能控制自己的体温，但了到冬季，体温会随着气温的降低而逐渐下降。为了生存，当外界温度降低到5℃时，很多两栖动物就开启冬眠模式了。

形形色色的蛙

蛙的种类很多，大多数都生活在淡水中。常见的蛙包括虎纹蛙、棘蛙、红眼树蛙、牛蛙、黄金箭毒蛙、非洲巨蛙等。

虎纹蛙

虎纹蛙个头很大，尤其雌性比雄性更大，体长有12厘米多，皮肤灰绿较为粗糙，在头部有不规则的虎皮状斑纹，有“亚洲之蛙”的美称。虎纹蛙多在海拔900米以下的沟渠、水田等处藏匿，但不允许领地被同类入侵。

非洲巨蛙

非洲巨蛙仅生活在非洲热带雨林地区，是蛙类家族中的巨人，一般身长有30厘米，若两腿拉开，可达1米。非洲巨蛙可弹跳3米以上，寿命为15年左右。因为没有声囊，所以不会鸣叫。除鱼虾外，它也吃小型蛙类，是凶猛的无声杀手。

红眼树蛙

红眼树蛙体形较大，属于大型树蛙。它是真正的夜行性动物，喜欢在夜间捕食各种动物和昆虫。但它只吃活体，对静止不动的物体则会“视而不见”。

牛蛙

牛蛙一般独居，叫声洪亮如牛叫，所以得名牛蛙。牛蛙的腹部呈白色，略有蛋黄色，全身棕绿色，但四肢分布着黑色条纹。雌性牛蛙一般体长20厘米，雄性略短，食物主要以各类昆虫为主，少量吞食植物叶片及种子。

黄金箭毒蛙

黄金箭毒蛙是箭毒蛙属中毒性最强的蛙种，其毒性是普通箭毒蛙的20倍。它的整个皮肤上都有毒，有研究发现，只需要0.2毫克的黄金箭毒蛙毒素，就足以毒死一个健康的成年人。

棘蛙

棘蛙是中国特有的蛙种，主要分布在福建、湖南和广西地区的山区溪水岩石边。棘蛙在夜间活动，以捕食小型无脊椎动物和各类昆虫为主。棘蛙体长在9至12厘米之间，但雄蛙个头更大且身上有刺状的皮肤肉疣。

哑巴蛙

有一种蛙叫湍蛙，从古至今世代生活在奔流不息的急流中。由于水声很大，掩盖了湍蛙的叫声，渐渐地，它的鸣叫声越来越弱，声囊也随之退化，湍蛙成为哑巴蛙。

蝾　螈

蝾螈是一种有尾巴的两栖动物。根据栖息地不同，蝾螈可分为完全水栖、完全陆栖和水陆两栖3类。

各式呼吸

大多数蝾螈都可以通过肺进行呼吸，有些种类还会利用口腔内壁，通过嘴巴和鼻孔有节奏地将水或空气吸进来、排出去。还有一些生活在湍急溪流中的品种，天生没有肺，需要长时间待在水里，用皮肤获得水中氧气。

水陆生活

水栖蝾螈生活在水塘、沼泽及地下洞穴内；陆栖蝾螈生活在岩石和圆木下面，也有的生活在地下洞穴和高树上。每到炎热的夏天，蝾螈白天会躲到洞内，夜晚凉爽时才出来觅食。

红背无肺螈

红背和无肺的确是此类蝾螈的显著特征。它尽管没有肺，但是不像其他品种那样通过长时间待在水流中获得氧气，而是远离溪流区域，在陆地上生活，仅靠皮肤和口腔内膜就可以自由呼吸。此外，它还有断尾求生的本能。

霸王蝾螈

史上最大的蝾螈为史前霸王蝾螈，是三叠纪时期的地球霸主，身长4.5米，连恐龙都要畏惧它三分。后来因为地壳运动造成大陆分裂，加上火山爆发，慢慢地霸王蝾螈就灭绝了。

泥螈

泥螈个体较大，约30厘米，多为褐色，并分布有黑色斑点。泥螈最显著的特征是有3对红色浓密外鳃。泥螈主要生活在北美洲东部地区的湖泊、池塘等潮湿处。因为人们误以为它能像小狗一样汪汪叫，所以泥螈绰号“泥狗”。

墨西哥钝口螈

此类螈貌似恐龙，野生的仅在墨西哥湖泊处存在，但多被人类作为宠物饲养。同时，它的头部两侧长有6只“角”，还被称作六角龙。它有很强的断体再生能力，也是两栖动物中有名的从幼体到成体均为幼体形态的物种。

法国火蝾螈

在欧洲南部及中部的高山密林潮湿处，有一种名为火蝾螈的夜行动物。它们在枯木的缝隙中隐蔽，当有枯木被用来生火时，它们就忽然蹿出，因而得名火蝾螈。它们多在雨后出来捕捉地上的蚯蚓为食，而卵则产在溪流中。

爬行动物

爬行动物是迄今为止在陆地上生活时间最长的动物，种类数量仅次于鸟类。从史前演化至今，有些爬行动物生活在陆地上，有些生活在水中，还有些过着水陆两栖的生活。

首批爬行动物

爬行动物由两栖动物进化而来，是第一批真正摆脱了对水的依赖而在陆地上生存下来的动物。在距今3.2亿年前，地球上首批爬行动物出现了，其代表动物是古斑沙蜥和林蜥，它们的样子与现在的蜥蜴非常相似。

爬行动物时代

距今2亿多年前的中生代，爬行动物繁衍丰富，恐龙类、色龙类及翼龙类爬行动物几乎称霸了水陆空地域，因此这一时期被称为爬行动物时代。

灭绝时代来临

到了白垩纪晚期，地球上再次发生了物种大灭绝，这一次恐龙等大型爬行动物都灭绝了，只有蜥蜴、蛇、鳄鱼、鳖类等幸存下来，并且一直生存到现在。

温度决定分布

因为真正摆脱了对水的依赖，所以在地域上，那些温度较热地域及周边成为爬行动物的首选。如今，大多数爬行动物都在热带、亚热带地区活动，其次为温带和寒代地区，更少量的特殊种类在高寒极端地区。

爬行向前

爬行动物的爬行是名副其实的爬行运动，比如鳄鱼，就依靠四肢向外略微延伸，然后慢慢向前移动。有些爬行动物没有四肢，比如蛇，就用腹部在地面做水平波状弯曲向前。

不稳定的体温

爬行动物的体温随外界温度而变化，当高温达到30℃，低温达到0℃时，它们就很难适应，因此绝大部分会有冬眠和夏眠的本能生理活动。

雅拉瓜壁虎

1998年的一天，有人在多米尼加共和国的比塔岛上发现了雅拉瓜壁虎。这种壁虎算尾尖在内，一共只有16毫米长，推测应为世界上体形最小的爬行动物了，目前已经被列为濒危物种。

蛇蛇争霸

蛇在地球上早于人类出现，依据最早的蛇类化石推测，它们距今已经有1.3亿年的历史，其中，毒蛇是从无毒性的蛇进化而来。演化过程中，有些种类演化为半水栖、半树栖或水栖型。

眼镜王蛇

眼镜王蛇属眼镜蛇科，性情较凶猛，有剧毒，头部呈椭圆形，有沟牙，在平原、高山林木及山谷溪流附近都有分布，平常多藏匿在岩石缝或粗糙的树洞中，黑夜、白天都有活动。

金环蛇

金环蛇头部和颈部的背面均为黑色，整体伴有金黄色和黑色相间的环纹，头呈椭圆形，生活在低海拔的山谷和平地区域。金环蛇爬行缓慢，性情温和，虽有毒，但极少主动攻击人类。金环蛇因可以食用、浸酒，所以已被捕杀得近乎绝种。

飞蛇

飞蛇为游蛇科金花蛇属，一般长1米左右，擅长爬树捕食鸟类，蜥蜴、蝙蝠也是它的主要掠食目标。飞蛇能通过摇动肋骨而让身体扁平，然后借助空气气流产生动力，做出短距离的滑翔，被称为蛇族中的“滑翔机”。

尖吻蝮蛇

尖吻蝮蛇是独立的一种蛇科，俗称五步蛇、百步蛇，毒性较大，是重要的中药材。尖吻蝮蛇头呈三角形，管牙又长又大，多在丘陵地带阴凉处活动，属于国家二级保护动物，濒临灭种。

王锦蛇

王锦蛇个体较大，耐寒，适应在各类环境中生存。王锦蛇能够快速爬树，捕食各种鸟类，也吞食蛙类、鼠类，甚至同类及自己孵化的幼蛇，极为残暴。王锦蛇的头背鳞缝黑色，呈现“王”字形斑纹，现为国家一级保护动物。

滑鼠蛇

滑鼠蛇没有毒性，但个体较大，头部椭圆形，为黑褐色。此蛇属游蛇科，以其他小型蛇类、蛙、蜥蜴、蟾蜍和老鼠为食，老鼠尤其是它的最爱。它会追逐老鼠直到洞内，甚至在洞口等待，直到最终捕捉到老鼠。

最长的蛇

2006年，在印度尼西亚的苏门答腊岛，一条长有14.85米的蛇被活捉，重量更是达到惊人的447千克，这是个大事件，被写进了吉尼斯世界纪录。有意思的是，被捉时，其约4米长的尾巴被人意外切掉了，不然会更长。

蜥　蜴

蜥蜴是一种冷血的爬行动物，全世界的蜥蜴大约有2500种，有的栖息在地表，有的栖息在树上或水中。蜥蜴的奔跑时速最快可达25千米，尤其两条后腿，强劲有力。

“装死”的鳄蜥

鳄蜥的头像蜥蜴，身体和尾巴却极像鳄鱼，是我国一级保护动物。鳄蜥体长约30厘米，喜欢吃蝗虫、蝌蚪、小鱼等。被捉后，它常常通过腹部朝上、纹丝不动的“装死”方式来保全自己，然后趁机逃跑。

“伞兵”褶伞蜥

在澳大利亚有一种蜥蜴，叫作褶伞蜥，它体形很小，但是颈部周围的鳞状膜褶皱反而非常的宽。当它受到惊吓时，它颈部的鳞状膜褶皱就会如伞一般打开，瞬间增大数倍，让对方措手不及。如果还不奏效，就转身逃跑。

科莫多巨蜥

科莫多巨蜥是现存种类中体形最大的蜥蜴，一般体长2至3米。它浑身粗糙，长有隆起的疙瘩，适应能力强，热带草原、森林、灌木丛甚至海滩、河床都有它的身影。它以鹿、猴子和野猪等为食，也会吃掉幼崽及更小的同类。

“沙和尚”荒漠沙蜥

沙漠中生活着一种荒漠沙蜥，由于头部呈圆形而得昵称“沙和尚”。荒漠沙蜥是种穴居动物，它的洞穴开口大多在平地上，夏天时洞穴较浅，冬天冬眠时则比较深。荒漠沙蜥会让洞穴温度保持在25℃左右，冬暖夏凉。

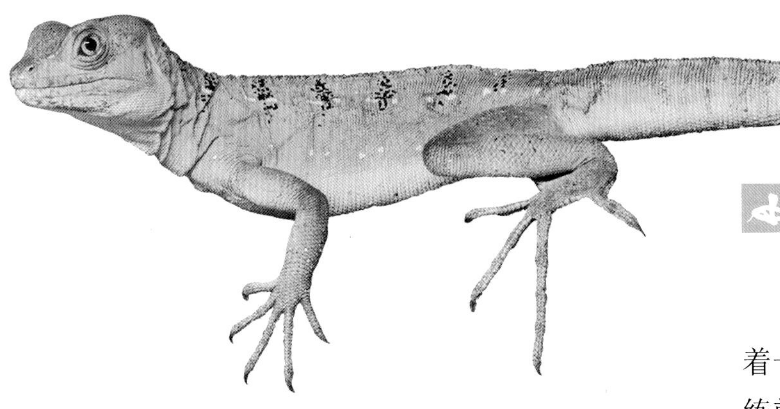

“水上漂”蛇怪蜥蜴

在中美洲和南美洲的热带雨林中生活着一种大型的蛇怪蜥蜴，为了适应环境，它练就了一个特殊本领——水上漂。一旦遇到危险，蛇怪蜥蜴立刻跳入水中，以极快的速度从水面上逃走，完全不会掉到水里。

壁虎

日常生活中经常看到壁虎，它与蜥蜴有什么不同呢？事实上，壁虎也是蜥蜴的一种，但体形小很多，也没有鳞片，更多在靠近人类的田园处活动，还能发出警告的叫声。更重要的是，壁虎可以爬上竖直光滑的墙壁，蜥蜴可无法做到。

“三宝护身”的角蜥

角蜥一般分布在美国西南部地区和墨西哥的沙漠地带，外貌不讨喜，有些像蟾蜍。角蜥体长7.5至12.5厘米，头部短粗圆。它能在沙漠生活，全凭其有三宝：可以变化的体色，全身坚硬的鳞片，恐怖的眼睛能喷血。

龟

龟是目前世界上最长寿的爬行动物之一，属于杂食性动物，既喜欢吃鱼虾、蚯蚓，也会吃植物的茎叶、瓜果皮。龟的防御武器就是它的甲壳，一旦感到外界有危险，就会立刻把头、四肢和尾巴缩回到龟壳。

中华草龟

我们俗称的乌龟，其实叫中华草龟、长寿龟，因浑身黑色而多称乌龟。中华草龟是我国龟类当中数量最多的一种龟了。中华草龟最长可活上百年，因此很多国家尤其中国、日本及菲律宾等的人们格外喜欢它，将其视作吉祥、长寿之物。

绿毛龟

绿毛龟的视觉感受非常让人印象深刻，它的背部生长着呈绿丝状的藻体，如同浓密的绿毛在水中缓慢摇摆。独特的外形让它有了“中国瑰宝”“活翡翠”之称，在唐朝时期就被列为皇宫宝物之一。

鳄鱼龟

鳄鱼龟有淡水动物王者的称呼，这并不夸张，因为它是现存最古老的爬行动物。鳄鱼龟外形与鳄鱼很像，头部因过于粗大而无法全部缩回壳内。因极强的攻击性，除了短吻鳄，它几乎没有对手，但因为人类猎杀而成易危物种。

龟中“大象”

陆生龟类中有一种最大的龟，叫象龟。它也像大象一样，生有4条粗壮的大腿，身长达1.5米，体重为200至300千克，最重的甚至达到375千克，最爱吃绿色多汁的仙人掌。

猪鼻龟

猪鼻龟全称大洋洲猪鼻龟，因鼻子长且多肉，如同猪的鼻子而有了猪鼻龟的大名。此种龟是典型的淡水龟，因几乎不脱离水而使得四肢特化为与海龟类似的鳍状肢，在淡水龟类中极为罕见。

“十三棱”海龟

玳瑁是一种体形较小的海龟，一般身长约60厘米。它甲壳上的盾片呈覆瓦状，椎盾为菱形，且盾片数为13枚，所以也称“十三棱”。但这种特殊花纹装饰的甲壳却为玳瑁招来了杀身之祸，遭到了人类的捕杀。

宠物龟

很多人出于一片爱心，有时会把宠物龟放回河里，让它回到大自然的怀抱。但是如果不了解龟的习性，就会给当地物种造成致命危险。比如可爱的彩色巴西龟，一旦放入河内，它们就会联合追杀各类蛙和鱼类，造成麻烦，一定要注意。

鳄

鳄鱼的名字中带有“鱼”字，仅仅是因为它可以如鱼在水中游动，实际上它是一种凶猛的冷血卵生爬行动物。它有一张血盆大嘴，还长着一条带着“钢刺”的粗壮的尾巴，是典型的“恶鱼”。

凶猛家族

鳄鱼是截至今天仍在存活的最早的原始动物之一，曾和恐龙处于同一个时代，家族成员较多，个个都以凶猛著称，包括扬子鳄、食鱼鳄、湾鳄、美洲鳄、尼罗鳄等20多个品种。

偷袭专家

鳄鱼的眼睛长在头部较高的位置，并且离得很近，能看到三维物体，夜视能力也很强。当它们潜入水中时，眼睛和鼻孔都会留在水面上。这时如果有到河边喝水的动物或取水的人，往往会在毫无警觉的情况下被鳄鱼袭击。

劲敌强悍

鳄鱼凶恶，但不等于没有劲敌，比如美洲狮、森蚺、公牛鲨、食人鱼、河马等，个个都很强悍。森蚺是一种巨大的蟒蛇，它能以强大的缠绕能力把鳄鱼勒死。而对于一些小个头的鳄鱼，一只鲸头鹳就可以把它杀死。

擂鼓筑巢

在繁殖季节，雄鳄鱼会发出很响亮的声音，这种声音就像敲鼓一样，把雌鳄鱼吸引来。在完成交配行为后，雌鳄鱼会来到岸边，用泥土、树枝等筑一个巢，并在巢里产卵。在此期间，雌鳄鱼会不断地用尾巴沾水洒入巢里，让巢保持适宜的温度。

食人湾鳄

湾鳄是鳄鱼品种中体形最大的一种，也是地球上现存最大的爬行动物。因在二战末期的兰里岛之战中，有好多日军士兵被其袭击，而有了食人鳄的恶名。它的个体最大可达1.9吨，即使是坚硬的野牛骨头或海龟的硬甲也能被它轻松咬碎。

鳄鱼的眼泪

野生动物专家发现鳄鱼在陆地进食时，有时会流出眼泪，这是真的吗？鳄鱼确实会流泪，但可不是在吃它的猎物之前表示忏悔，而是在排泄体内多余的盐分。因为鳄鱼的肾脏排泄功能不佳，体内盐分就从眼睛附近的盐腺排泄。

瞬膜护眼

鳄鱼的眼皮上有一层透明的膜，叫瞬膜。潜入水中时，通过关闭瞬膜，鳄鱼在观察水中环境的同时，也能更好地保护自己的眼睛。当鳄鱼在地面进行长时间的活动时，瞬膜还能起到湿润和清洁眼球的作用。

鸟 类

鸟是全身长着羽毛、体温保持恒定且绝大多数都能飞行的卵生脊椎动物。正是它们独特的体形、骨骼和肌肉组织等，使得它们可以自由翱翔于天空。鸟的种类丰富，已知的有近万种。

独特的外形

鸟类的身体呈流线型，且皮肤薄而韧，能够最大可能地降低飞行阻力。两只翅膀通过适度的摆动与气流发生作用，令整个身体得以快速飞向前方。鸟翼与尾部的羽毛为坚硬的正羽，在飞行过程中起平衡作用。

优化的骨骼

鸟类的头骨是一个独立而完整的骨片，身体各部位的骨骼紧密而均衡，尤其肋骨上特殊的钩子状突起，使得它有一个超强的胸廓，对飞行中的平衡大有益处。此外，各骨骼已进化为轻薄结构且长骨中空，减轻了飞行重量。

小而强的肺

鸟类的肺相对较小，但大多数鸟都有9个气囊，这可以保障鸟类在飞行过程中，经过一次吸气完成两次气体交换，这种高效的双重呼吸能保证鸟儿在高空飞行时不断吸入含氧量高的新鲜空气。

三种飞行方式

鸟类的飞行方式主要有鼓翼、滑翔和翱翔三种。其中，鼓翼是基本飞行方式，主要靠鸟儿双翼快速扇动产生动力；滑翔是从某个高处向前下方快速飘行；一些翅膀宽大的鸟则采用翱翔的方式飞行，这种方式消耗的能量最少。

本能的方向感

鸟类生来就有一套谜一般的“导航系统”，它可以保证鸟类在飞行过程中通过地标建筑、星体位置及磁场感应等方式完成远距离的迁徙活动。有研究认为这一本能与基因遗传有关，毕竟没有成鸟带领的那些鸟类，也能独立完成远距离飞行。

超速消化力

鸟类食道细长，胃部肌肉发达，消化能力极强，因而也能很快地消化吸收食物中的营养物质，排泄废物。并且它们几乎没有膀胱，尿液也直接随粪便一起排出。这些都能帮助鸟儿减轻体重，更利于飞行。

猛　禽

猛禽处于食物链的顶层，全部都是掠食性的凶悍鸟类，包括鹰、雕、鸶鸢、鹫、鹞、鹗、隼、鸮、鸺鹠等，是鸟类的一个非常重要的类群。尽管它们各个凶猛，但很多种类都濒临灭绝。

盘旋的鹰

鹰泛指中小型的在白天活动的一类鸟，它们视力极佳，爪子锋利，外加弯曲而坚硬的喙，很多野兔、小型鸟类、老鼠、蛇甚至水中的鱼，都很难逃脱它们的猎捕。它们在空中盘旋，紧紧盯着猎物，看准时机就俯冲而下。

长腿蛇鹫

蛇鹫长腿如鹤，常在非洲的草原上优雅地行走，其外形很难与“杀手”挂钩。事实上，它具有猛禽中最长的腿，因而可以爆发出极大的杀伤力，是最文雅的猛禽杀手。它是各类毒蛇的天敌，因腿部长有硬鳞而令蛇类毫无办法。

暴力金雕

金雕属于鹰科，有“金色的鹰”之称，多在峭壁处筑巢，然后在山坡、墓地及灌木丛等区域捕食。金雕体形较大，追捕猎物时，展开的翅膀可长达2米，锋利的爪子可以瞬间穿透猎物的头骨。

捕鱼高手

鱼鹰又名鹗，多在水域环境活动，是一种善于捕食鱼类的中型猛禽。捕食中的鱼鹰在距离水面适度的高度盘旋，观察水中动静。发现目标后，整个身体随之潜入水中，然后用利爪抓住鱼体，接着飞至安静处，开始享用美食。

暗夜幽灵

猫头鹰头部轮廓和眼球分布与猫非常相似。猫头鹰白天躲在安静处休息，夜间则凭借特殊的夜眼和敏锐的听觉判断猎物的一举一动。猫头鹰的羽毛松软，因此飞行时声音极小，鼠或鸟多死于无声的抓捕行动中。

草原清洁工

秃鹫脖颈全裸无毛，是高原上体形最大的猛禽，以哺乳动物的尸体为食，被称作“草原上的清洁工”。它们多单独或三五成群在高空滑翔，俯视地面寻找目标。但它们胆子很小，有时甚至需要几天的时间来观察，确定动物死亡后才敢下口。

游禽与涉禽

游禽喜欢在水中游泳和取食，它们的嘴扁而平，脚很短但有蹼，如鸳鸯、天鹅、鹈鹕等；涉禽大部分会在浅水区域、泥污中捕食鱼虾，它们的嘴、颈及脚都很长，如鹤、鹳、鹮、鸨、琵鹭等。

结伴出行的鸳鸯

鸳鸯属于中小型鸭类，其中鸳指的是雄鸟，鸯为雌鸟，因喜欢结伴出现，所以统称为鸳鸯。鸳鸯一般在针叶和阔叶混杂的林地溪流处、芦苇沼泽地等处结群活动，一般先在水面取食，然后再返回林地继续觅食。

鸳鸯并非一生相守

我们常用鸳鸯象征美好的爱情，实际上鸳鸯作为水禽，只是在求偶期才会成对出来活动，待到幼鸟孵化出壳后，雄雌就会分开。因此，鸳鸯一生相守只是我们人类的美好愿望而已，说法并不科学。

珍稀的朱鹮

朱鹮的额头及面颊部位无毛，为明显的鲜红色，一般栖息于海拔1200米以上的稀疏林地，然后在附近的溪流内涉水觅食，螃蟹、鱼类、蛙类及螺类都是它的觅食对象。由于栖息地环境恶化，朱鹮也濒临灭绝。

长喉囊的鹈鹕

鹈鹕属于大型水鸟，其嘴部下端带有一个袋状的喉囊，特征非常明显。鹈鹕共有8种，不规则地分布在除南极外的各大陆。有些种类如澳洲鹈鹕，只要有充足鱼类，甚至可在废墟水坑栖息。褐鹈鹕为个体最小的一种。

雌雄一对的天鹅

天鹅是鸭科中个体最大的类群，它们的脖子修长，超过身体的长度，多为雄雌一对，相伴终生。天鹅多在湖泊、沼泽等地带群栖，以水生植物、螺类及各种软体动物为食。

安静的白鹳

白鹳长有细长的红喙、红腿，除黑色翅膀外，身体基本为白色。白鹳最爱栖息于开阔而隐蔽的草地和沼泽，它们边走边吃，蝌蚪、蟾蜍、蜥蜴和蛇等，都是它的最爱。觅食空隙，白鹳有时还会长久地站在原地不动，极为安静。

丹顶鹤群

丹顶鹤是鹤类的一种，属于大型涉禽，体长多会超过1米。丹顶鹤头顶为红色，其他部分以白色居多，多结群过着较为庞大的群体生活。丹顶鹤和其他水禽的猎食对象差不多，寿命可超过50年。

攀禽与鸣禽

攀禽类的鸟有坚硬的喙，足有四趾，其中两趾向前，两趾向后，趾端有适合抓取树皮的钩爪，尾巴处的羽毛粗硬而富有弹性，可保持身体平衡；鸣禽则指的是那些鸣叫明显的鸟类，它们发声器官发达且擅长筑巢。

美艳的鹦鹉

鹦鹉颜色艳丽，喜欢鸣叫，但是它是典型的攀禽。鹦鹉以树洞作为自己的巢穴，常年主食树上的植物果实及嫩芽，偶然飞到空旷草地中觅食昆虫。因为鹦鹉是人类极为喜爱的宠物，所以野生鹦鹉的种群也越来越少。

鹦鹉学舌

鹦鹉可以说话的原因在于它有特殊的发生器和舌头。鹦鹉的发声器较其他鸟类更完善，发声器上的鸣肌可以自由收缩，发出鸣叫声。此外，鹦鹉的舌头圆滑而肥厚，与人类舌头相似，因此能发出简单而清晰的音节来。

太阳鸟

太阳鸟颜色艳丽，常与蝴蝶、蜜蜂结群飞在百花丛中。它的嘴细长而略微弯曲，附带一条管状长舌，与蜂蝶一起吸食花蜜，间接传授花粉，有“月下老人”的美誉。太阳鸟的鸣叫声充满欢乐感，因爱逆风飞行，又名风鸟。

最常见的麻雀

麻雀是我国最常见的鸟类，多以昆虫、植物种子为食。麻雀最显著的特征是喉部黑色，两颊处有黑斑，头部呈栗色。它活泼、好奇心强，总是叽叽喳喳叫个不停。在屋檐、墙洞及野外的树洞都有它们的踪迹，适应能力很强。

“森林医生”啄木鸟

啄木鸟有“森林医生”的美称，是我们比较熟悉的一种捉虫子的鸟。它的嘴巴长长的，每天能吃掉1500条左右的虫子，对森林贡献很大。而对于它开凿过的树木痕迹，还可以作为树木有待砍伐的标识。

胆小鬼杜鹃

杜鹃也叫布谷鸟，因为有总是朝着北方鸣叫的特性还被称作催归。杜鹃胆小，多栖息于植被极为稠密的地方，因此常常听到它的哀鸣而不见它的身形。尽管杜鹃总是借窝生蛋落得个不好的名声，但它是捕食松毛虫的高手，是益鸟。

叫声婉转的黄鹂

黄鹂也叫黄莺，羽毛大部分为黄色，嘴巴黄色或白色。它的叫声洪亮婉转，非常动听，具有直线形飞行方式。黄鹂主要以昆虫和植物的浆果为食，是对林业有益处的鸟。

不会飞的鸟

不是所有的鸟类都会飞翔，但是它们可以通过行走或快速奔驰进行正常的生存或繁衍活动，这一类鸟，称为不会飞的鸟，也就是走禽。

退化所致

飞翔给鸟类带来了诸多生存、繁衍的便利，但为何有些鸟类最终失去了翱翔天空的本领呢？原来它们体内的龙骨突和翅膀中的动翼肌发生退化现象，无法支持飞翔。加上长期奔走导致后肢强壮，反而更善于长时间奔跑。

鸸鹋

鸸鹋体形仅次于非洲鸵鸟，在大洋洲以奔跑能力强而名气很大。鸸鹋常年在大洋洲草原和较为宽广的森林中活动，以树叶和野果为食，是大洋洲地区特有的动物。

鸵鸟

鸵鸟是现存体形最大的鸟类，主要分布在非洲草原，身高可达2.75米。它后肢粗大，只有两趾，尽管不能飞翔，但是强有力的腿部攻击能力毫不逊色，可以踢死狮、豹等大型动物。鸵鸟属杂食鸟类，可吃各类食物。

鹤鸵

鹤鸵与鸵鸟相似，但个头明显小很多，脚上的趾较鸵鸟多一根，为三趾。鹤鸵羽毛近乎全黑，头部无毛，但长有黑绿色角质冠，如同一个有趣的钢盔。鹤鸵主要吃浆果、鸟、鱼及鼠类，因其锋利的爪子而被列为最危险的鸟类。

侏鹤鸵

侏鹤鸵虽然外形轮廓与其他鹤鸵相似，却在高海拔的密林深处栖息。有报道称，侏鹤鸵有对人类和狗的致命袭击行为，因此极为危险。值得一提的是，它特有的低音交流方式广泛用于个体之间的联络，但是人类尚未掌握这一规律。

几维鸟

几维鸟主要在新西兰地区生存繁衍，个头不是很大，与日常的家禽公鸡差不多大。几维鸟胆子很小，多在夜间出来活动。它长而尖的喙和敏锐的嗅觉是寻找虫类最好的工具，主要吃泥土中的各类昆虫。

短暂飞行

鸡鸭鹅这类家禽都有翅膀，但是因世代经过人工长期驯化而逐渐失去了飞翔的能力。不过我们还是能经常看到一些散养的鸡，在傍晚时分上树栖息。如果抓住它，向高空抛出，它依然可以本能地做出短暂飞行。

哺乳动物

哺乳动物是一种恒温的脊椎动物，多为胎生，只有极少部分为卵生，处于动物发展史上最高级的阶段，与人类之间的关系也最为密切。

更大的大脑

哺乳动物有比其他脊椎动物更大的大脑，脑容量较大，新的脑皮开始出现，因此可以掌控更为复杂的思维和行为。它们可以根据外界的环境刺激和变化来不断调整自己的行为反应。

发达的乳腺

哺乳动物的乳腺，尤其雌性动物的乳腺已经高度发达，能够分泌乳汁哺育胎儿，更大程度地提高后代成活率。一些低等的哺乳动物尽管没有乳头，但是乳腺所分泌的乳汁能够沿着毛体流出，以供幼崽舔吸入口。

稳定的体温

绝大多数哺乳动物全身被毛发覆盖，可以更好地应对自然环境的变化。无论热冷，它们都可以保持体温的相对稳定，这大大提高了复杂环境下的生存概率。

皮肤的特化

哺乳动物头部的角与四肢的爪、甲和蹄，均为皮肤的衍生物，是皮肤特化的结果。有了这些不同形状和功能的特化物，它们可以更好地繁衍和生存，并在实际生存环境中进一步演化和增生。

强壮的四肢

哺乳动物除了脑部较大，四肢也更为强壮且灵敏，这可以很大程度地减少其对某一特定环境的依赖，由此扩大了自身种群的分布范围。同时，也有助于更好地猎捕食物和逃避风险。

敏锐的感官

哺乳动物的感官系统更加敏锐，比如在嗅觉上更为灵敏、在视觉判断上更为准确，这些都为它们同族间的交流、食物获取、规避风险及栖息地的选择提供了更大的可能性。

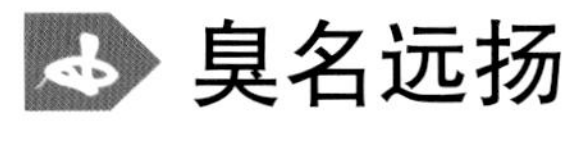

臭名远扬

臭鼬是最臭的哺乳动物，在哺乳动物界简直是臭名远扬。它个头不大，受到攻击时，会低头、竖尾，然后前脚不断拍打地面发出警告。如果警告无效，就转身向对方喷射恶臭液体，严重者会造成暂时性失明，连美洲豹都害怕它。

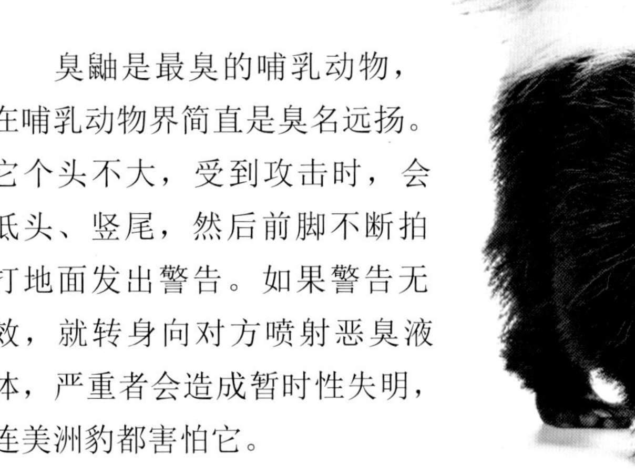

食肉兽

食肉兽是以食草动物或其他食肉动物为食的动物。肉食性动物的种类很多，海洋里、陆地上及天空中都有存在。这里介绍几种典型的大型陆地肉食性动物。

非洲鬣狗

在非洲草原的捕食者中，斑点鬣狗的体形最大，咬合力甚至超过了狮子和老虎。鬣狗的战斗力惊人，一般3只组成的一个战斗小队就敢和一头狮子对决。它们经常集体出击，联合向水牛、斑马等大型动物发起进攻。

澳大利亚袋狮

袋狮是澳大利亚最大的肉食性动物，它不是狮子，但是敢于和超它体重两倍还多的狮子搏斗。袋狮的裂齿锋利且颌肌强壮，能够更好地咬合、撕裂动物的骨头，所以杀伤性更强。同时，它的前肢粗壮，爪子灵活，更是凶残无比。

美洲豹

美洲豹也是大型猫科动物，主要抓捕凯门鳄为食，其次才是其他小型哺乳动物。美洲豹个别体重超过中型老虎，可以爬树，也可以入水，活动范围很广。黄昏时分，它开始出来觅食，超强的咬合力可以直接穿透猎物颅骨。

森林猛虎

虎是猫科动物的典型代表，有多个品种。其中西伯利亚虎最大，苏门答腊虎最小。作为森林之王，虎以凶猛和谨慎提升胜率。超强的爆发力总是能让黑熊、棕熊等大型动物死在它的突袭之下。

棕熊

在《动物世界》的纪录片中，经常看见霸气的北极熊遇见小个头棕熊掉头就跑的情景，为什么会这样呢？原来棕熊是杂食性动物，日常领地意识较强，而北极熊是在吃肉的蜜罐环境中长大的，所以狭路相逢勇者胜，北极熊成了逃跑的家伙。

北极熊

在北极圈附近的冰川上，生活着陆地上最大的食肉动物——北极熊。和其他哺乳动物对比，它是近乎百分百地只吃肉类，生活在那里的白鲸、海豹和海狮子都是它的重要猎捕目标。可怕的掌力加上娴熟的游泳技巧，让它得以更好地生存。

放哨的狐獴

狐獴生性警觉，每有觅食活动时，都会选出经验较丰富的一员做哨兵。哨兵身体直立，警惕地观察周边动静，一旦有风吹草动，就会发出信号，确保全员安全。

食草动物

食草动物是以草本植物为食的动物，如不同种类的牛、羊、马、鹿等。相比肉食性动物，它们对植物纤维素的消化能力强大得多，可以有效摄取植物茎、叶、根当中的养分。

温驯的小鹿

有一些报道称有食草动物吃起了肉类，比如温驯的小鹿吃野兔，或者雪兔吃松鸡，等等。实际上，出现这样极端的现象，是因为极端环境下，找到足够的食物非常困难，或者体内严重缺乏营养，而本能地选择从动物身上获取。

马

几乎所有的马科动物都属于食草动物，它们的盲肠内有用于分解植物细胞壁的细菌，因此它们的排泄率不会像反刍动物那样受限，能进食大量低质的各类草本植物，生存能力更强。

羊驼

羊驼最早起源于北美洲，头部与骆驼很像，但没有驼峰，个子当然也没法和骆驼比较，一般最高只有1米左右。羊驼主要以吃体表为针状的荆棘植物为主，也吃玉米、草叶和农作物的秸秆，而花生是它的最爱。

鹿

鹿的种类很多，而且不同地区生活的鹿种，其形态特征、毛色、大小等差异很大。比如长颈鹿的颈很长，远非其他鹿种能比。鹿是非常典型的食草动物，各类草叶、树皮及嫩芽嫩枝等都是它的食物。

野牦牛

野牦牛生活在海拔3000至6000米的高寒草甸、荒漠等开阔的地区，是国家一级保护动物。它们四季栖息在山坡，一般在夜间和清晨出来吃草。因为特殊的舌头结构，因此可以吃针茅草、苔草、蒿草等各类型的草，能耐饥渴，因此有“冰河之舟”的美称。

穴兔

穴兔是家兔的祖先，被摩纳哥奉为国兽，多生活在草原深处及灌木丛生地带。穴兔对多种植物都不排斥，除了将草作为最主要的食粮，各种植物的嫩枝、草根、种子、农作物包括林木，都会遭到很大程度的啃食。

绵羊

绵羊是家畜之一，主要用来产羊毛。绵羊的身体较胖，头很短，嘴唇薄而灵活，还有非常锐利的门齿，因此可以快速啃食较为低矮的草根。绵羊尤其喜欢类似农作物的禾本草料，当然也不排斥落叶及各类杂草。

杂食动物

在自然界，很多动物在繁衍过程中，为了扩大自身的生存能力而选择两类或多类食物，我们笼统地将这类动物称作杂食动物。

螽斯

螽斯身体多为草绿色，在北方名为蝈蝈，头部有着一对细如丝发、比自己身体还要长的触角。这是它的触觉器官，能够敏锐地感知外界或防御敌人。螽斯平时以杂草的嫩叶和各种小昆虫为食，是一种益虫。

浣熊

浣熊个体较小，尾巴很长，最明显的特征是眼部区域为黑色，如同蒙了一个黑色眼罩。它在春夏之季爱吃各类昆虫，到了秋冬，更偏爱各类坚果和水果。同时，它还是游泳高手，可以用锋利的小爪子抓捕鱼虾。

西貒

西貒是一种生活在美国西南部至阿根廷北部地带的野猪，体形不大，遇到敌情就启用自己的臭腺向对方喷出刺鼻的气味，试图赶走对方。西貒爱吃水果、植物的根茎和种子等，偶尔也吃一点昆虫、腐肉或小型动物。

侏狨

侏狨是一种外貌与行为类似松鼠的小猴子，多生活在南美洲的热带雨林中，喜欢在一些细小的高树枝丫上停歇。它爱吃树的汁液和鲜果，也爱捕捉蜘蛛、蜥蜴和昆虫。

鹤

大部分的鹤种都生有长而有力的喙，这能帮助它们从泥泞的土壤中挖掘植物的根和块茎。它们有时也会捕食小鱼、小虾或甲壳类的水生动物，还会飞到收割完的农田里刨食土层里的麦类、洋芋等。

乌鸦

乌鸦嘴很大，爱鸣叫，是雀形目中体形最大的鸟类，体长有50厘米。乌鸦喜欢群居，爱吃各类谷物、浆果，也爱吃昆虫、腐肉。部分种类在繁衍期间还会啄食金龟甲、蝗虫甚至小型脊椎动物。

家狗

我们家养的小狗属于杂食性动物，它有足够的消化能力进行消化吸收。但是家猫是典型的肉食性动物，必须从动物肉类中吸收营养，因此家猫的食谱中一定不能缺少肉类制品。

食虫动物

食虫类动物主要以节肢动物和蚯蚓等为食，大多是从早期的食虫类动物分化出来的，目前依然存在400多种，包括刺猬、鼹鼠、金鼹、鼩鼱等。

嗅觉很灵敏

与很多哺乳动物相比，它们的智力较弱，但嗅觉异常灵敏。它们的口鼻部上面生有敏感的触毛，平时用来探测周围的环境和事物，如土壤、落叶、水等，并用它来定位猎物。

特征很明显

食虫动物一般身体较小，要么有粗毛，要么被坚硬的刺所包围，体形如老鼠一般，吻部细而尖，牙齿也多为W形，四肢也很短。它们既可穴居又可地栖，也有些属于水陆两栖动物。

带刺夜行者

刺猬眼小，浑身长满了短刺，多在夜间出来捕食昆虫和蠕虫。有研究说，一只普通的刺猬可以一个晚上吃掉200克左右的虫子，对人类还是非常有益的。

长舌入蚁巢

能够一天18个小时专注于追杀蚂蚁的，恐怕只有针鼹莫属了。这个与刺猬酷似的小家伙，同样浑身带刺。尽管眼神不好，但是通过觉察土壤中的响动，然后伸出长达30厘米的舌进入蚁巢，基本半个小时，就会吞食数千只蚂蚁。

最小大肚汉

鼩鼱酷似老鼠，体长仅4至6厘米，体重只有3至5克，是世界上最小的哺乳动物。它不分昼夜地进食，各种昆虫、蚯蚓等都是它的最爱，它能吃下相当于自己体重3倍的食物，是个最小的大肚汉。

隧道捕虫王

鼹鼠是一种身长约10厘米、体胖嘴尖的小动物，白天住在土里，夜晚出来捕食。它脚掌外翻，喜欢挖掘出长长的地下隧道，然后从中找寻它最喜欢的蜗牛和蚯蚓。不过，它也吃庄稼的根，让人又爱又恨。

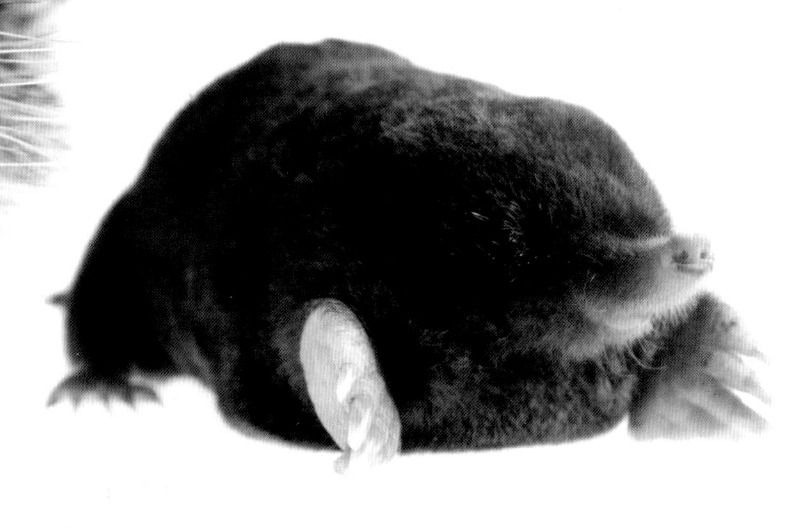

钩粘害虫的蛙

我国有130多种蛙类，每一类都是捕捉害虫的能手。蛙类的舌头长而宽，舌根长在口腔的前面，而且舌尖向后并有分叉，上面附有黏液。当飞虫进入有效距离时，它就迅速伸舌，将猎物钩粘入口。

有袋动物

世界上的有袋动物有240多种，其中170种生活在澳大利亚，另外70多种生活在南美洲的草原上。有袋动物中最著名的就是袋鼠，它的形象甚至出现在了澳大利亚的国徽上。其次还有负鼠、袋鼬、袋鼹、袋狸、袋貂、袋熊等。

帚尾袋貂

帚尾袋貂耳朵很圆，吻部尖尖的，是澳大利亚常见的有袋动物，一般夜晚出来采食植物的果叶、昆虫等，白天则隐蔽在各类洞穴中。

豚足袋狸

豚，小猪，泛指猪，豚足袋狸，意思是它的足部与猪的蹄子很像，事实也的确如此。和很多有袋动物一样，它也是澳大利亚的特有动物，面部也与老鼠相似，只是耳朵更大。主要以虫子、植物根茎及更弱小的鼠类为食。

灭绝的袋狼

袋狼的体形像狗，头和牙齿却长得像狼，身体又长着像老虎一样的花纹，还会像袋鼠那样奔跑跳跃，真是很特殊的一种动物。最关键的是，它的肚子上也长着一个育儿的大口袋。1936年，澳大利亚赫芭特动物园最后一只袋狼死去。

装死的负鼠

负鼠是一种生活在南北美洲的有袋动物，相貌与老鼠相似，但比老鼠大，肚子上也长着一个育儿袋。一旦被敌人逮住，它就会立刻装死，这时一般就会逃脱敌人的“魔爪”，因为一些动物不喜欢吃死的动物。

跳跃的袋鼠

袋鼠的后肢十分发达，因而极善跳跃，最快时每小时可达65千米，犹如一辆中速行驶的小汽车。小袋鼠刚出生时，袋鼠妈妈就把它装在自己的育儿袋里。袋鼠的尾巴除了起平衡作用，还是进攻和防卫的武器。

“睡神”树袋熊

树袋熊也叫考拉，因为没有尾巴，也叫无尾熊，是澳大利亚的国宝。树袋熊也是有袋动物中的一种。虽然名字中有个“熊”字，但它与熊家族一点关系也没有，而是袋鼠的近亲。树袋熊号称动物界的“睡神”，一天至少要睡上18个小时。

至今是个谜

为什么在澳洲会存在多种有袋动物呢？实际上，从化石考察研究发现，澳洲的有袋动物并非本土动物，而是更多来自南美洲。那么，是动物扩张地盘带来的结果，还是演化过程中部分动物演化未完善所致，至今是个谜。

蝙蝠与鼯鼠

蝙蝠是哺乳动物中唯一具有飞行能力的动物，种类近千种；而鼯鼠与蝙蝠不同，它只是通过攀爬到高树上，然后才能自上而下做出滑翔动作，种类有30余种。

酷爱群居

大多数蝙蝠都喜欢群居生活，最少的几百只，多则上万只。除了极地和大洋中的一些岛屿，全世界各个地方都有蝙蝠的足迹，它们通常会把家安在山洞、树洞、岩石缝隙、古建筑物缝隙等地方。

回声定位

蝙蝠不时发出超声波来探测路况，当有物体与超声波对接时，回声就会反射到脑神经中，然后定位出前方物体或猎物的距离、长短及热量情况。当物体或猎物距离蝙蝠越近，蝙蝠发声的频率就越高。

飞翔之兽

蝙蝠不及鸟类完善的羽毛和双翅，飞行时间和空间也相对有限，但依靠它发达的前肢和薄而坚韧的皮膜，最终形成了可供它真正飞翔的独特器官——翼手，这使其成为真正飞翔的唯一兽类。

倒挂金钟

倒挂金钟是蝙蝠的真本领，但实际上这是它为弥补腿部力量不足而不得不采取的一种办法。很多鸟在飞行前，多会首先有个跳起或助跑动作，然后飞行，但是蝙蝠无腿无法行走，因此采取倒挂方式，可以直接展翅滑翔离开。

蝙蝠与超声波

1793年，有位意大利科学家开始研究蝙蝠在黑夜飞行的秘密。当他把蝙蝠的眼睛和鼻子封上时，蝙蝠依然可以正常飞行。但是，当蝙蝠耳朵被堵上时，飞行就失败了。他意识到蝙蝠利用听觉飞行，并进一步发现了超声波的存在。

精准滑翔

鼯鼠滑翔时，会先向上倾斜身体，同时伸展四肢，从树的高处跳起，四肢尽量向前方伸展；到一定高度后，它们会展开连接在腕部和踝部的翼膜，其间有尾巴控制方向，最终精准到达目的地。

杂食通吃

鼯鼠是一种典型的杂食动物，从水果到坚果，从菌类到昆虫，从植物到鸟蛋，包括小型鸟类，统统全吃。饥饿难耐时，它们甚至连动物尸体上的腐肉都不拒绝。

海洋哺乳动物

在海洋环境中生存繁衍的哺乳动物，除了具有哺乳动物所具备的基本特征，还具有绝对的水生能力。另外，在河流和湖泊中生存的白鳍豚、江豚及贝加尔环斑海豹等，也已被列为海洋哺乳动物类。

拒鱼怪海象

海象身体滚圆，如陆地上的大象般粗壮，长着两颗大獠牙。但是它的眼睛很小，四肢也退化为鳍状，是除了鲸类最大号的动物。这个奇怪的家伙食性极其繁杂，虾兵蟹将、蠕虫嫩枝，甚至有机质沉渣，无一不爱，但居然不吃鱼。

小个头海獭

海獭与蓝鲸真是两个极端。海獭是最小的海洋哺乳动物种类，但也是最适应海中生活的种类。它身体滚圆，头部很小，与鼹鼠很像。水獭几乎不上陆地，甚至连繁衍也在水中完成。它以鲍鱼、海胆、螃蟹及海藻等为食，餐后清洁全身。

超大号蓝鲸

蓝鲸在海洋中的辨识度很高，它身体瘦长，背呈灰色，一般长30余米，重180多吨，是地球上体积最大的哺乳动物。它白天逡巡于深海觅食，夜晚悄悄浮上海面觅食，主要吃小型甲壳类和鱼类，但鱿鱼是其最爱。

爬行者海豹

海豹头圆眼大，吻短且宽，上唇部有明显的粗硬长须；耳朵退化为洞；四肢特化为鳍状，但有锋利的爪子。海豹是海洋中分布最广的鳍足类哺乳动物，主要吃甲壳类及各种鱼类。因为不能行走，上岸行动时需拖着后肢弯曲爬行。

杂耍家

海豚属于小个头的鲸类，头部因有明显隆起而非常容易辨认。海豚多生活在热带浅水区域，主要以鱼类和乌贼为食，进食时也会发出声响。它有天生的杂耍特性，经常追着船只游动并跃出水面。此外，它还是长距离游泳冠军。

大胃王海狮

海狮有7个种类，北海狮为其中最大的一种，但不会超过2米。海狮视力不佳，主要依靠听觉和嗅觉捕食乌贼、海蜇、鱼类及蚌类，严重饥饿时还会吞下整只企鹅。它胃口极大，因此哪里食物充足就往哪里游动。

自然资源

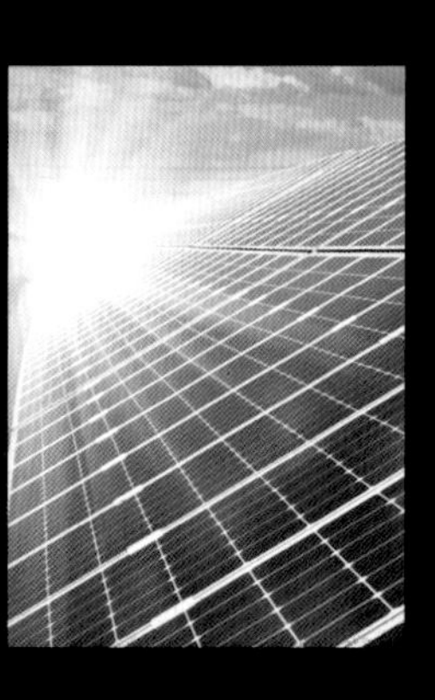

慷慨的大自然为人类提供了很多可以用于生产和生活的物质，我们称之为自然资源。这些资源中有的是不可再生的，如石油、各种金属矿物等，还有的是可再生的，如水、植物、微生物……如果人类能善加利用，就是善待自然还有人类自己。

土地资源

土地资源，可供农、牧、林利用或未来可供利用的土地。土地资源是人类生存的基本资料和劳动对象，既有自然属性（如山地适合发展林业，平原适合发展农业），也有社会属性（如沼泽，以前因开发技术不足，无法利用）。

全球分布不均

全球的耕地、草地、林地分布极不均衡。耕地面积最大的国家是美国，其次是印度、俄罗斯、中国。全球永久性草场主要分布在亚、非两洲，草场面积较多的是澳洲，其次是中国、美国。

地球的皮肤

土壤是可供植物生长的疏松物质，包含有机物质、矿物质，还有微生物、水分和空气等，生成1厘米厚的土壤需要上百年的时间。人们利用土壤耕种、养殖，土壤就像地球的皮肤，维系着生命的存续。

土地的时空性

土地资源是具有时空性的。不同时期、不同技术条件下，不同地区对土地的利用是不一样的。如，大面积的盐碱地在农业技术落后的时期是无法利用的，不是土地资源。但在当前的技术条件下就可以利用，就成为土地资源。

中国土地资源

中国土地资源总量十分可观，土地类型也比较齐全，有利于全面发展农、林、牧、副、渔各业。但是各类土地比例不合理，耕地和林地较少，难利用的土地多，人均占有量少，人与耕地的矛盾突出，后备土地资源不足。

当下的问题

20世纪末，全球有3亿公顷耕地成为非农用地，耕地严重减少，草原、森林、滩涂、沼泽被侵占的现象也很普遍；有近25%的土壤养分不足，地力衰退；土壤污染日趋严重，破坏了生态平衡，导致物种灭绝。

贫瘠的雨林土壤

热带雨林的生态其实十分脆弱，因为这里的土壤很贫瘠，所有养分几乎都被植物吸收并储存于体内，一旦雨林生态被破坏，就很难恢复。人类掠夺性地砍伐、采矿正在使热带雨林遭受灭顶之灾。

海洋资源

海洋资源是指存在于海洋环境之中，可被人类开发利用的能量和物质以及和海洋利用开发有关的海洋空间资源，包括海洋生物资源、海洋矿物资源、海洋化学资源、海洋动力资源。

丰富的矿藏

海洋矿物资源主要有石油、煤、铁、锰、铜等。其中，海底石油储量1350亿吨。全球已发现20多种海底固体矿产。海滨沉积物中还发现有黄金、白金等贵重金属矿。全球可燃冰储量是现有石油天然气储量的2倍。

大海中的化学资源

已发现有80多种海水化学物质，氯、钠等11种元素占海水溶解物质总量的99.8%以上，可提取的有50多种。海水化学资源的综合利用是从海水中提取化学元素进行深加工，包括海水制盐，苦卤化工，提取钾、镁、溴并深加工。

海洋生物资源

世界水产品的85%来自海洋，天然海藻年产量是全球年产小麦总量的15倍。藻类食品能为人类提供充足的蛋白质及多种维生素、矿物质，而海洋浮游生物食品可满足300亿人的需要，南极的磷虾每年有50多亿吨的产量。

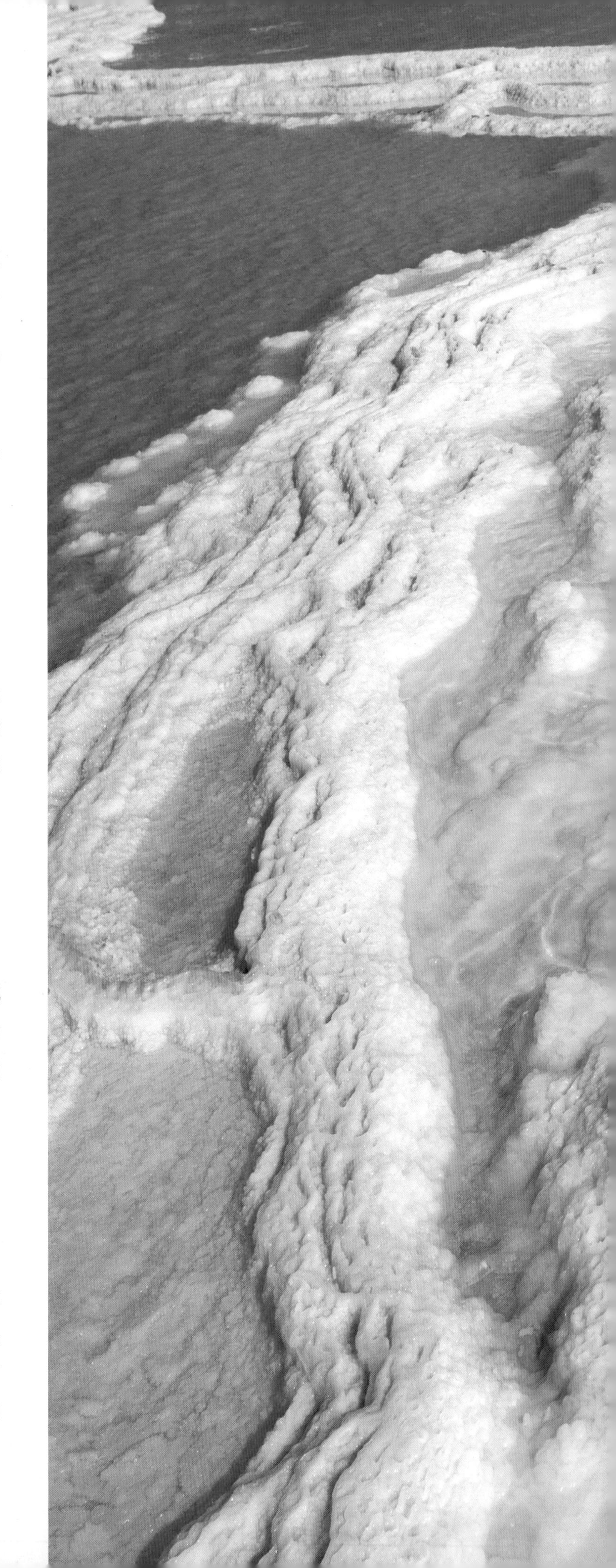

保护海洋资源

为保护海洋渔业资源，从1999年开始，我国强化捕捞许可制度，实施近海捕捞产量“零增长”战略，优化捕捞产品结构，提高养殖设施和装备，拓展海水养殖空间。远洋捕捞作业的渔场范围不断扩大，远洋船舶类型结构得到初步改善。

海洋药物

在我国近海，有记录的海洋药物或有潜在药用价值的药物资源有684味，其中有205味植物药，468味动物药，11味矿物药。实践证明，海藻可治疗喉咙痛，海螵蛸能治疗消化不良。

海水提取铀

铀是海洋馈赠给人类的又一大重要资源，已有科学家成功从海水中提取出“黄饼铀”——一种粉末状的铀，海水中铀的储量相当可观，达45亿吨，大约可供全球使用1万年。

海水直接利用

海水直接利用是以海水直接替代淡水用作生活用水、工业用水等一系列技术的总称，是解决我国淡水资源紧缺的重要措施。其中包括海水脱硫、海水冷却、海水冲厕、海水回注采油、海水冲灰、海水洗涤、海水消防、海水制冰、海水印染等。

水资源

水资源，指可以利用并能从自然界获得补充、具有一定数量和质量的水源。水不只供我们饮用、灌溉农田，还可以为我们提供水产品和用于航运、发电。仅地球水体0.26%的淡水更是人类的生命之源！

天然水资源

天然水资源包括河流、湖泊水、海水、地下水等。按水质不同，水可划分为咸水和淡水。科技的进步使可利用的水在增多，如冰川取水、海水淡化等。

农业的命脉

农作物的生长须臾都离不开水，种子发芽需要水，作物吸收营养也要靠水。土壤水分不够时就需要进行灌溉，玉米、水稻的生长对水的需求尤其大，水是农业的命脉。

最长的河流

发源于东非高原的尼罗河是全球最长的河流，它从南向北流经非洲北部和东部，注入地中海。它和中非的刚果河、西非的尼日尔河并称非洲三大河。

健康活性水

冰川是固体淡水，占全球淡水资源的69%，科学家对冰川水可提高人类体质的现象进行了研究，发现冰川水的水质特点的确是人类理想的健康活性水。但是冰川多分布在南、北极，或在极高的山上，开采条件十分艰难。

刚果河的水力资源

刚果河支流众多，其流域内降水丰富，上游多急流瀑布，水流湍急，下游河道多瀑布和峡谷，丰沛的流量、湍急的水流，使刚果河成为世界上水力资源最丰富的河流。

水资源最丰富的国度

巴西水资源居全球首位，境内有亚马孙河、圣弗朗西斯科河、巴拉那河三大河，河流多，水量大，长度长，亚马孙河横贯巴西西北部；巴拉那河流经西南部，多激流和瀑布，水力资源丰富；圣弗朗西斯科河是主要的灌溉水源。

陆地上的大湖

全球湖泊中近一半是淡水湖，作为重要的水资源之一，湖泊除了为人类提供鱼、虾等水产品，还蕴含着丰富的矿产，并用来开发水利、灌溉、航运和旅游。

矿产资源

矿产资源是经过几百万年、几亿年的地质成矿作用生成的，藏于地下或露于地表、具有利用和开发价值的矿物或元素集合体，它是人类进行生产、生活的重要资源，是不可再生的。

国内矿产

中国目前有170多种矿产，其中近160种已探明储量，包括能源矿、金属矿、非金属矿、水气矿。中国矿产资源的特点是门类丰富，部分矿种储量可观，居全球前列，但是人均占有量却居世界第53位。

不可再生资源

矿产资源是不可再生资源，它是经过几千万年甚至上亿年的地质演化而形成的。一旦被开发利用之后，矿产资源不可能在短时间内再重新形成。人类对矿产资源的过度开发会导致资源枯竭，生态环境恶化。

工业维生素

稀土是钪、钇等17种金属元素和元素周期表中镧系元素的总称，存在于自然界中的稀土矿有250种。因为稀土具有独特的化学和物理属性，它在传统冶炼行业和尖端的航空航天业都有广泛应用，也因此有“工业维生素”的美称。

全球矿物资源

全球目前已知4000多种矿物，应用比较广泛的有80多种。各国矿物分布和开采差异很大，采矿业占世界矿业开采值比重较大的国家和地区有俄罗斯、美国、加拿大，其次是澳洲和南非，还有中国、扎伊尔、秘鲁、阿根廷等。

海洋矿产资源

海洋矿产资源，是指浅海、海滨、深海蕴藏的各类矿产资源的总称。海洋矿产资源相当丰富，比如，全球90%的金红石和96%的锆石都产自海滨砂矿之中。我国沿海也有金、钛铁矿、磁铁矿、锆石、独居石和金红石等矿藏。

宇宙矿物

矿物不都来自地球，也有来自地球之外其他天体的，这种矿物称为宇宙矿物。宇宙矿物主要包括陨石矿物、宇宙尘矿物、月岩矿物3类。宇宙矿物和地球矿物比较相近，少数宇宙矿物封存在地壳以下。

资源自给的国家

俄罗斯是全球少数几个实现资源自给的国家，拥有全球近40%的矿产，种类齐全，储量丰沛。矿产资源的潜在价值高达28万亿美元，境内已发现2万多处矿产地，其中铁、金刚石、锑、锡探明储量居全球首位。

盐 湖

盐湖是干旱地区含盐度很高的咸水湖。盐湖中往往富含多种盐类矿物，是重要的冶金、医疗、农业、化工、轻工、建筑原料。盐湖在沉积过程中产生大量的碳酸盐沉积，能延迟温室效应。

能　源

能源是指可以直接提供能量，或者通过加工、转换而提供能量的资源，通常指石油、煤炭、水能、天然气、核能、地热能、风能、太阳能等一次能源和电力、热力等二次能源。

地球自身的能源

地球自身的能源是指和地球自身的热能有关的能源，如地热。温泉和火山爆发都是地热的表现，地热资源是一种非常清洁的能源，我国云南的腾冲地热资源十分丰富，境内有热泉、温泉、高温沸泉等，被誉为我国的“地热资源博物馆”。

世界能源消费

虽然石油、煤炭等化石能源有污染环境的弊端，但是因为化石能源价格低廉，开发技术十分成熟，所以，在世界能源消费总量中，化石能源仍然占到了85%的比例，而太阳能、水力、风力、潮汐能、地热等能源仅占15%。

我国的能源利用

我国目前能源利用现状主要是：以煤炭利用为主，以石油、天然气为辅，积极发展水电，有序发展核电，因势利导地发展风能、太阳能、沼气、海洋能、地热能等。

化石能源

主要是指煤炭、石油、天然气等，化石能源是古代生物化石沉积形成的，属碳氢化合物及其衍生物，化石能源是不可再生能源。化石燃料未完全燃烧后会释放有毒气体，但它却是人类生产、生活必不可少的燃料。

燧木取火——最早的生物能源利用

生物质能源是植物提供的能量，地球上的生物质能源非常丰富。而我们的祖先很早以前就在利用生物质能源。比如，古人燧木取火实际上就是在利用生物能源。只不过这种通过直接燃烧获取能量的方式是非常低效而浪费的。

可再生能源

凡是可以在较短期内进行再产生或短期内得到补充的能源称为再生能源，风能、海洋能、水能、潮汐能、太阳能等就是可再生能源；而石油、煤、天然气这类在短期内无法被充分进行再生产的能源是非再生能源。

植物资源

植物资源即所有可以被人类开发利用的植物的总称。如，兰花可以做观赏植物，含油脂多的蓖麻可做油料植物，土豆、地瓜等可做淀粉植物，三七可做中药植物。这些都属于植物资源。

世界植物王国

全球植物种类共有2万多种，而巴西一国就拥有1.9万多种！巴西因此有“世界植物王国”的美誉。巴西境内的亚马孙热带雨林是世界上最大的森林，这里产生的氧气占全球氧气总量的1/10，被称为“地球之肺”。

植物博物馆

马来西亚位于赤道附近，气候条件优越，植被覆盖率高达70%，原始森林面积占国土面积的一半以上，有8000多种显花植物，2500多种乔木，800多种兰科植物，药用植物近1400种。

可再生资源

可再生资源是指可以再生更新，被人类反复利用的资源，如植物、微生物、森林、草原等，它们都可以依靠种源而重新生成。但是如果某个物种的种源消失，那么这种植物资源就不可再生了。

中国的植物资源

我国疆域广大，生态环境多样，有着丰富的物种资源，从热带雨林到寒温带针叶林，在我国几乎都可见到，植物物种的丰富程度仅次于马来西亚、巴西。水杉和银杉有植物“活化石”之称，是世界稀有的植物种类。

食草动物的口粮

植物资源中有一种能够用来给家畜采食或经过加工后用作家畜饲料的植物，它为发展食草家畜提供物质基础。在我国，约有15000种饲用植物，以多年生草本植物和半灌木、灌木为主。

天然大药房

热带雨林蕴藏着地球上超过半数的植物物种，其中不少还有药用价值。比如，一种叫长青玫瑰的植物可以治疗白血病；还有柯本尼拉泡水喝可治疗蛇伤……热带雨林因此被称为“世界大药房”。

动物资源

动物资源，是指在一定经济技术水平下，人类能够利用或可能利用的动物，包括湖泊、海洋、陆地中的所有动物。

动物资源最丰富的国家

中国是全球动物资源最丰富的国家之一，仅陆栖脊椎动物就有2000多种。中国还有大熊猫、扬子鳄、金丝猴等世界珍稀动物。在台湾岛和海南岛，因地理环境相对孤立，虽然动物科大陆相似，但种类比较少，些独特的物种。

活跃在南北两极的动物

虽然南北两极环境严酷，但也有不少海洋动物，比如北极的海象和海豹，它们曾惨遭杀戮，不过它们现在的种群数量有所回升。北极鲸类虽然种类和数量上都很少，但白鲸等鲸类是最珍贵的品种。南极地区主要有鲸、海豹和企鹅。它们主要以南极磷虾为食。

高原熊蜂

在环境恶劣的青藏高原有一种熊蜂，因为自身具有产生热量的本领，所以它能够在海拔高、天气寒冷的高原地区生存，为那里的植物传粉。

多样的高原动物

西藏高原繁衍着多种珍禽异兽。在永久积雪线上有号称“高山之霸”的雪豹；藏玲羊、野牦牛、盘羊等是青藏高原特有的珍稀动物；白唇鹿为中国特有的世界珍稀动物之一；闻名世界的西藏黑颈鹤也是中国独有，属国家一级保护动物。

班夫动物通道

班夫国家公园是加拿大最大的国家公园，这里有50多种野生哺乳动物和近300种鸟类，但这里也有一条公路横穿公园，给野生动物们带来极大威胁。为了解决这一问题，加拿大先后建起了隧道、桥洞、天桥，以方便不同类型的野生动物通过。

澳洲大堡礁

澳洲的大堡礁是世界上最大的珊瑚礁，这里海洋生物种类和数量都很多，岛礁上分布着大量红树林。为了保护大堡礁，澳洲政府禁止在大堡礁附近采矿、勘探石油，并明确规定资源保护区和商业性捕鱼界线。

渔歌唱晚

夕阳西下，渔民泛舟湖上，真是一幅优美的水乡画面。湖泊不仅是水上交通的重要部分，也是盛产鱼、虾、莲、藕等水生生物的重要淡水场所，还有维护生物多样性的重要功能。合理开发湖泊资源是环保工作的重要任务。

资源危机

资源危机，是指自然资源，如土地、矿物、森林、淡水、野生动植物等在人口和经济持续增长的情况下逐步紧缺的，给一些地区的人民生活和经济发展造成困难的趋势。

人与自然资源

人类对自然资源的过度开发导致了资源短缺和环境恶化。如，过度砍伐使地球每年失掉千万公顷的森林，而热带原始森林则减少更快。怎样合理开发和保护自然资源，已成为我们面临的重大课题。

提高资源潜能

在一定的技术条件下，人们利用资源的能力是有的。但是随着科技的进步，人们可以提高资源的利用率，使自然资源发挥更大效用。例如，改良盐碱地，利用滩涂发展养殖业，以提高自然资源的生产潜力。

水资源危机

世界水资源报告指出：2015年，世界上有近10亿人口无法获得安全的饮用水。到本世纪中叶，随着世界食品需求的增加，将会加剧农业用水激增与淡水资源短缺之间的矛盾。

不断变小的森林

据计算，世界上每年被毁掉的森林大约有1700万公顷。巴西的热带原始森林正在遭到毁灭性的破坏，每天至少有100万棵树被毁，巴西森林覆盖率从原来的80%减少到现在的60%，许多地区的原始森林已经毁坏殆尽。

濒临灭绝的动植物

由于大规模的毁林开荒、环境污染，许多野生动植物正濒临灭绝。我国的动植物资源也遭到严重破坏，野马、白臀叶猴等珍贵动物几乎绝迹，一些贵重药材植物开始枯竭。

潜在的粮食危机

随着我国城镇化进程加快，耕地面积逐年减少，我国的粮食安全问题也更凸现。如人均粮食占有量少、粮食总体质量偏低、粮食品种结构性矛盾加深等，这些都有可能成为粮食危机的潜在因素，值得我们注意。

主要索引

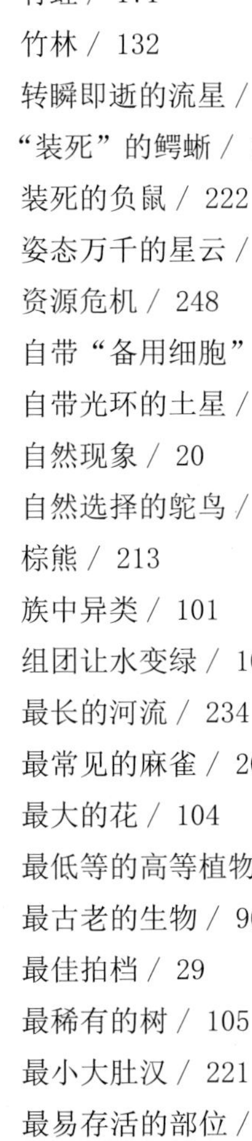